과학의 원리를 찾아가는 여행

# 브레인 과학

장재열 엮음

## 물리편

도서출판 예가

# Prologue

물이 가득 채워진 넓은 양은 그릇에 속이 빈 플라스틱 필통을 살짝 넣으면 약간의 물이 넘쳐 나오면서 플라스틱 필통은 뜬다. 이번에는 필통의 속을 연필과 지우개 등으로 채우고 살짝 넣었더니 물이 조금 더 넘쳐 나오면서 플라스틱 물통은 조금 깊이 물에 잠겨서 떴다. 다시 이번에는 필통을 바꿔 양철로 된 필통에 속을 가득 채우고 물에 넣었더니 아주 물속에 가라앉았다. 그리고 물은 좀더 넘쳐 났다. 이 우스꽝스런 장난에서 넘치는 물의 양과 각각의 필통과의 관계는 무엇인가?

뉴턴이 발견한 '중력 법칙' 은 아주 간단하다. 모든 물질은 중력을 지녔으며, 그래서 서로 끌어당긴다. 사과가 땅으로 떨어지는 이유도 그 때문이다. 이 법칙은 지구상의 아주 작은 물질만이 아니라 우주 공간에 떠 있는 수많은 별들과 유성에 이르기까지도 포함된다. 별이 우주의 어느 한쪽으로 쏟아지지 않고 자신의 길을 계속하여 돌 수 있는 것은 이 법칙과 관성 법칙 때문이나. 중력 법칙은 우리가 바닥에 놓은 물건을 옮기기 위해 들어올릴 때, 또는 산이나 계단을 오를 때에도 마찬가지로 적용된다.

에너지란 '일을 할 수 있는 능력' 을 말하며, 이는 때로 형태를 바꾼다. 그러나 그 '일을 할 수 있는 능력' 은 소멸하거나 줄어들지 않고 그 안에 온전히 보존된다. 길가에 있는 돌덩어리나, 가로수, 공기 등 모든 물질은 그 안에 에너지를 지니고 있다. 다만 그 에너지는 어느 때 어떻게 일을 하느냐에 따라 우리는 그 물질이 에너지를 지니고 있었음을 알게 된다.

법칙이란 복잡한 형태로 나타난 것을 간략하게 설명하는 것을 말한다. 그래서 우리는 그 법칙, 즉 간략한 설명을 보고 어떤 현상을 쉽게 이해한다. 우리는 이 법칙들을 교과서 안에서 너무 쉽게 배우고 있다. 그래서 그 법칙의 진실성을 미처 다 알지 못하고 암기를 한다. 이것은 배우는 것이 아니다. 또 법칙이 가르쳐주는 단순한 방식은 물질과 현상의 이면의 원리에 대해 생각하게 만든다. 이것이 과학을 공부하는 태도다.

많은 과학자들이 물질과 현상 속에서 '공통적인 특징', 또는 '그것을 움직이게 하는 원리' 를 찾아낸 데에는, 숱한 실패와 노력에 의한 결과였다. 우리는 '대기' 라고 하는 이 공간이 공기로 가득 채워졌다는 사실을 알고 있다. 그리고 그 공기란 성질이 다른 여러 가지 원자와 분자로 섞여 있다는 사실도 알고 있다. 그러나 이런 발견이 있기 전에 사람들은 대기는 진공 상태라고 생각했으며, 그래서 깊은 굴 속에 들어가거나 오랫동안 사용하지 않던 우물 속 깊이 들어갔을 때 숨을 쉴 수가 없어 사람이 죽거나 질식되는 것 등은 그 안에 악령이 숨어 있거나 마귀가 독성이 있는 물질을 뿌렸을 것이라고 생각했다. 또 어떤 막힌 공간 속에 식물과 쥐가 함께 있을 때는 쥐가 살아갈 수 있어도 식물이 제거된 막힌 공간 속에서 쥐는 곧 죽는다는 이유에 대해 의아해 했다. 식물은 산소를 내뿜고 동물은 그것을 마셔야 살 수 있다는 것을 알지 못했으며, 이를 아는 데에는 많은 실험과 참을성 있는 관찰이 반복된 뒤였다.

왜 먹다 남은 고기는 조금 있으면 악취를 내며 썩고 있는지, 또 왜 멀쩡한 생선에 구더기가 생기는지 그 이유를 알지 못하고 다만 막연히 신이나 악마의 소행으로만 여겼었다. 우리는 과학 시간에 운동의 세계, 물질의 특성, 우주와 지구에 대해, 그리고 식물과 동물, 미생물에 대해 배운다. 또는 생물의 유전 정보와 유전 법칙에 대해 배운다. 이러한 과학적 지식은 오랫동안인 수많은 과학자에 의한 연구 결과이며 그 업적에 의해 체계적으로 만들어진 것이다. 그 과학적 지식을 우리는 '이것은 이것이다' 의 식으로 배우고 있다. 그것이 어떻게 발견되었으며 그를 발견하기 위해 어떤 시행착오가 있었는가에 대해서는 하나도 모른다. 마치 시험문제에서 정답만 배우고 오답에 대한 검토가 없는 것과 같다. 정답에 이르는 과정에는 그에 따른 합리적인 사고가 뒷받침된다. 이 합리적인 사고란 매우 중요하다. 이는 우리로 하여금 하나를 배운 뒤, 둘에 대해 의식하게 하고 또 단서를 찾도록 한다. 그것이 논리적으로 맞지 않을 때는 다른 방식으로 가도록 권하기도 한다. 이렇게 하여 스스로 관찰하고 생각하며 결론도 내리고, 그 결론은 때로 오답을 낳기도 하나 그 오답은 정답을 스스로 찾는 지름길 역할을 한다.

이 책은 과학자들이 법칙과 원리, 그리고 새로운 발견을 밝혀가는 단계들을 설명하는 것에 초점을 맞추었다. 이는 '과정을 이해해 나가는 단계' 이기도 하며, 이런 사고의 과정은 다음 단계에 대한 단서를 직접 찾는 작업의 하나이기도 하다.

그리고 이 책은 주제를 다룬 본문 부분과, 과학적 사고, 한 걸음 더 나아가기의 세 과정으로 나누어 설명하였는데 모든 주제들에 대해 이렇게 설명한 것은 아니며, 이런 구분이 타당한 주제에 한해 세 과정으로 나누어 설명했다. 본문 부분은 주제의 핵심이 되며, '과학적 사고' 의 난은 과학적 법칙이나 발견에서 볼 수 있는 '논리적 사고'를 보이려고 노력하였고, 마지막의 '한 걸음 더 나아가기'에서는 학교에서 배우는 문제, '이야기 과학'에 속하지 않는 좀더 학문적인 면에 대해 설명하였다. 이것은 자칫 학문적인 딱딱한 내용이 과학의 이야기 속에 섞여 '재미'를 잃을지 모른다는 생각에서 분리시켜 엮었다. 그러므로 이 딱딱한 내용을 그냥 넘기고 싶은 독자는 넘겨도 된다는 생각에서 별도의 난을 만들었다.

이 책은 '물리'와 '생물 · 의학', '발명과 그 외의 과학 지식'의 세 권으로 엮었으며, 내용은 되도록 과학은 어렵고 까다롭다는 생각을 갖는 학생에게 결코 그렇지 않음을 깨닫게 하는 쪽으로 엮었다. 그러나 지나치게 흥미 위주로 쏠려 자칫 과학사의 뒷이야기 정도로 생각하지 않도록 내용을 알차게 채우는 데에도 노력하였다. 아무쪼록 이 책이 여러분에게 과학에 대한 흥미와 함께 과학과 좀더 친근한 계기를 만들어 가는 데에 도움이 되었으면 한다.

# Contents

part 1

목욕탕에서 발견한 가짜 금관 - 아르키메데스

❶ 목욕탕에서 발견한 가짜 금관 13

과학적 사고 18

❷ 움직 도르래를 이용한 군사무기 21

과학적 사고 23

❸ 로마군의 침공을 쉽게 물리치다 26

한걸음 더 나아가기 30

part 2

갈릴레오와 피사의 사탑 - 갈릴레오

❶ 갈릴레오와 피사의 사탑 41

과학적 사고 48

한걸음 더 나아가기 52

❷ 경사면 위에서의 가속도 58

❸ 빠른 변화가 얼마나 빠르게 일어나는가? 60

❹ 진자의 등시성을 발견 61

한걸음 더 나아가기 63

❺ 갈릴레이와 망원경 66

❹ 종교재판 72

part 3 진공인가 공기가 있는 것인가 – 토리첼과 파스칼

❶ 토리첼과 기압계 83
❷ 산정에서 대기압을 측정한 파스칼 89
한걸음 더 나아가기 93
❸ 공기의 압력과 말 여덟 마리의 힘의 대결 103

part 4 뉴턴의 사과 – 뉴턴

❶ 뉴턴과 사과 109
과학적 사고 116
한걸음 더 나아가기 126

part 5 피뢰침 이야기 – 프랭클린

❶ 전기 이야기 143
한걸음 더 나아가기 161

part 6 빛과 색

❶ 빛 171

# Contents

❷ 색에 대하여 196
한걸음 더 나아가기 207

part 7 소리란 무엇인가

❶ 소리란 무엇인가 229
한걸음 더 나아가기 258

# 목욕탕에서 발견한 가짜 금관

– 아르키메데스 –

1

1. 목욕탕에서 발견한 가짜 금관
2. 움직 도르래를 이용한 군사무기
3. 로마군의 침공을 쉽게 물리치다

## 1. 목욕탕에서 발견한 가짜 금관

시라쿠사 왕 히에론 2세는 용감하여 나가 싸울 적마다 승리를 하였고, 그때마다 그는 신들을 위하여 선물을 바쳤다. 그는 어떤 전쟁에서 승리를 거뒀을 때는 신전을 지어 바쳤고, 어느 전쟁에서 이겼을 때는 제단을 만들어 바치기도 했다.

한 전쟁에서 승리하여 돌아온 시라쿠사 왕은 신에게 금관을 하나 만들어 바치기로 하고 세공장이를 불러 멋진 금관을 만들어 올릴 것을 명하고 회계관에게 필요한 양의 금을 내주도록 하였다. 세공장이는 회계관으로부터 금을 받은 뒤 여러 날을 열심히 일하여 마침내 약속한 날짜 안에 왕에게 멋진 금관을 올렸다. 금관은 훌륭했다. 지금까지 전혀 보지 못하던 모양의 훌륭한 금관을 받은 왕은 만족해 하였다.

그런데 이 금관을 받은 뒤 얼마가 지나 궁전에는 이상한 소문이 돌기 시작했다. 그것은 금관에 은을 섞어 만들었다는 괴이한 소문이었다. 왕은 분노했다. 그리하여 당장 세공장이를 불렀다. 그때 한 신하가 옆에서 말렸다.

"폐하, 만약 세공장이가 절대 그렇지 않다고 고한다면 폐하께서는 어떻하시겠습니까?"

그럴 수 있겠구나 하고 왕은 생각을 했다. 순금덩이에 은이 약간 섞였다고 금의 색이 바뀌는 것도 아니고, 또 무게를 달아봐도 처음 회계관이 내준 무게와 똑같았다. 그렇다고 궁중 내에서 떠도는 괴이한 소문을 억지로 막아 버릴 수도 없었다. 그것은 무엇보다 왕 스스로가 한낱 세공장이에게 기만을 당했을지도 모른다는 생각이 자신을 괴롭혔기 때문이다. 이 때 한 신하가 옆에서 왕에게 하나의 방법을 고했다.

"폐하, 아르키메데스라는 학자가 여러 가지 도구를 발명하고 수학에도 밝다고 합니다. 그를 불러 이의 사실 여부를 알아보도록 하명하심이 어떨지요?"

왕은 무릎을 탁 쳤다. 왜 자신이 그런 생각을 못했을까? 왕은 싸움에는 능했지 이런 지혜에는 약했던 모양이다. 그는 곧 사람을 보내어 아르키메데스를 불렀다. 그리고 그에게 금관에 관한 괴이한 소문을 이야기하고, 그 진위를 가려 내도록 명령했다. 아르키메데스는 아닌 밤중에 홍두깨라도 맞은 것처럼 느닷없는 왕의 명령에 자신도 모르게 대답을 했다.

"폐하, 염려 마십시오. 그런 거야 그리 어렵지도 않은 일입니다. 곧 진위를 밝혀서 폐하의 답답한 심정을 풀어 드리겠습니다."

그러나 집에 돌아온 아르키메데스는 난감했다. 도대체 어디로 보나 멀쩡한 금관인데, 여기에 무슨 은이 섞였단 말인가? 혹 은색이 비쳤나 하고 불빛에 이리저리 움직여도 보았다. 그러나 금관은 역시 순금이었다. 이렇게 집안에서 끙끙 앓던 아르키메데스는 답답한 마음을 풀고자 오늘도 목욕탕에 들어갔다. 그리고 말 없이 물이 가득 담긴 목욕통 속으로 몸을 넣었다. 출렁거리고 물이 통 밖으로 나왔다. 무심히 그 흘러 넘치는 물을 바라보다가 아르키메데스는 무릎을 탁 치며 벌떡 일어났다. 그리고

"유레카! 유레카!"

목욕통으로 들어가는 아르키메데스

외치면서 목욕탕을 박차고 나와 집 밖, 거리로 달렸다.

물론 벌거벗은 채로였다. 지나는 사람이 보거나 말거나 그에게는 문제가 되지 않았다. 그는 오직 금관이 순금인지 아닌지, 또 순금이 아니라면 은이 얼마나 섞였는지를 밝힐 수 있다는 기쁨만이 가득할 뿐이었다.

집에 돌아온 아르키메데스는 정밀한 조사에 들어갔다. 그는 금관이 모두 잠길 수 있는 그릇이면서 한쪽으로 물이 흘러 나올 수 있는 그릇을 구했다. 그 그릇을 고정되어 있는 판 위에 올려 놓았다. 그리고 그 수도꼭지처럼 된 부위에 긴 유리관을 준비하였다. 그 유리관에는 요즘의 시험관 같이 물의 양을 나타내는 눈금이 그려져 있다. 그리고 아주 작은 단위의 무게까지 잴 수 있는 수평저울을 빌려왔다. 이제 준비는 대충 되었다. 다음은 순금과 순은을 가져오는 일이었다. 이는 회계관으로부터 빌려 오고, 그가 처음 세공장이에게 내준 금의 양도 함께 기록해 왔다.

아르키메데스는 '금'은 '은'보다 밀도가 커서 같은 부피의 금은 은보다 무겁다는 것을 알고 있었다. 따라서 순금 1kg의 부피는 1kg의 금관의 부피와 같아야 한다. 만약 1kg의 금관이라고 바친 금관의 부피가 순금의 부피보다 더 나간다면 그것은 그만큼 은이 섞인 것이다. 물론 이런 단순 비교보다 은의 g당 무게와 금의 g당 무게를 금관의 정확한 부피에 맞추어야 한다.

그것은 어려운 것이 아니다. 아르키메데스는 이런 전제를 가지고 금관의 부피를, 넘쳐 나온 물의 양으로써 계산하였고 1kg의 금관에 순금과 순은의 부피를 파악했다. 예상대로 은의 부피는 금의 부피보다 더 나갔으며, 금관의 부피 역시 순금 1kg보다 더 나갔다. 아르키메데스는 이를 왕이 이해하기 쉽게 정리하여 보고했다.

이로써 세공장이의 부정이 폭로되어 그에게 무서운 형벌이 내려졌으며 아르키메데스는 왕으로부터 후한 상을 받았다. 그래서 지금도 실험실에서 쓰는 주둥이가 달린 용기를 '유레카 관'이라고 말한다.

## 과학적 사고로 생각하기

아르키메데스는 목욕통을 넘쳐나온 물의 양으로부터 부력에 관한 물리법칙을 세웠다. 그것은 어떤 물체를 물에 담갔을 때 넘쳐나온 물의 무게와, 물에 담겨진 물체의 무게와는 어떤 관계가 있을 것이라는 생각에서였다.

예를 들어 아래와 같은 일정한 크기의 세 가지 물질이 있다고 하자.

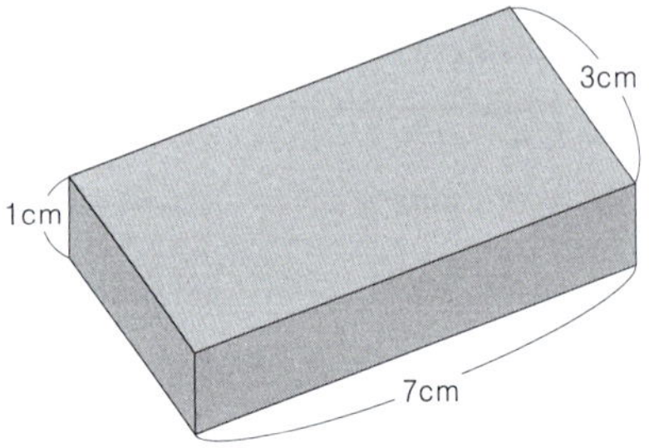


① 나무　② 생고무　③ 플라스틱

이 세 물질을 모두 넓은 그릇에 넣었더니 그 가라앉는 정도가 모두 달랐다. ① 나무는 1cm ② 생고무는 3cm ③ 플라스틱은 2cm였다고 한다.

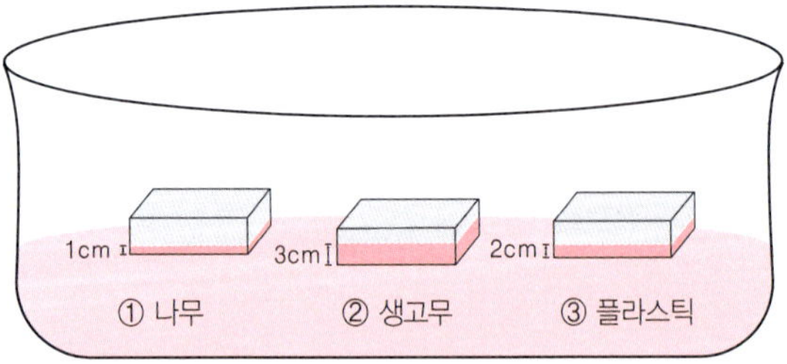

즉, ① 나무의 무게는 넘쳐난 물이 1cm×3cm×7cm와 같으며, ②는 3cm×3cm×7cm, ③ 2cm×3cm×7cm의 물의 무게와 같다. 다시 말해서 나무의 무게를 1로 보았을 때 생고무의 무게는 3, 플라스틱의 무게는 2가 된다.

위의 이야기를 좀더 물리학적인 말로 바꿔서 설명한다면 '액체나 기체에서 물체가 떠오르거나 가라 앉지도 않는다면 뜬 물체에 작용하는 부력은 뜬 물체의 무게와 크기는 같고 방향만 반대가 된다.

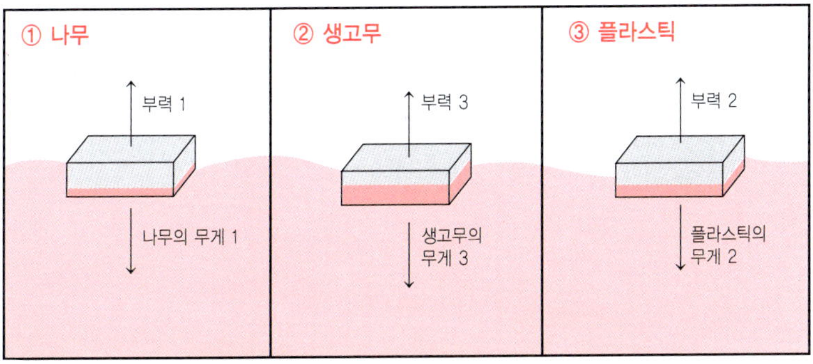


다시 예를 하나 더 들어보자. 처음 배를 진수시킬 때 배의 무게는 밀어낸 물의 무게와 똑같아 질 때 더 이상 가라앉지 않는다. 다시 이 배 위에 화물을 실었을 때 배는 다시 가라앉기 시작하다 어느 수위에서 멈춘다. 이 때 추가로 밀어낸 물의 무게가 배에 실은 화물의 무게와 같다.

## 과학적 사고로 생각하기

빈 배를 진수했을 때 넘쳐난 물의 무게와 빈 배의 무게는 같다

화물을 실은 배가 밀어낸 물의 무게가 화물과 빈 배 무게의 합과 같다

## 2. 움직 도르래를 이용한 군사무기

아르키메데스가 태어난 시라쿠사는 시실리 섬의 한 반도에 자리잡은 도시 국가이다. 그런데 이 나라가 위치한 곳에서 로마가 그리 멀지 않으며 또한 북쪽 아프리카의 해안에 있는 카르타고와도 그리 멀지 않은 위치에 있어서, 양국으로서는 시라쿠사가 군사적 요충지가 된다. 이런 군사적 요충지로 인해 로마는 이 도시국가에 대한 우려를 씻을 수가 없다. 그것은 아프리카의 북안에 있는 카르타고가 로마의 공격시 이 도시 국가를 군사 기지로 이용할 것을 염려했기 때문이다. 그래서 로마에서 이 도시 국가를 먼저 공격하여 군사 기지로 사용하려는 생각에서 은밀하게 공격 준비를 하고 있었다.

그러나 시라쿠사가 이러한 로마의 의도와 공격을 미리 알아채고, 방어 준비를 시작하였다. 그리고 B.C 214년 시라쿠사 왕은 카타르와 동맹을 맺고 아르키메데스를 책임자로 임명하여 전체를 요새로 만들도록 명령하였다. 그러나 시라쿠사 왕은 아르키메데스가 전쟁 경험이 없는 것을 염려하여 신무기 계획에 대한 의견을 듣기로 하였다. 아르키메데스는 주저하지 않고 이를 증명하여 보기로 했다. 그가 왕에게 보이기로 한 것은 움직 도르래를 이용하여 바닷가에 정박 중인 배를 육지 위로 끌어올리는 것이었다. 그는 모래 윗쪽에 단단한 말뚝을 박고 도르래를 고정시킨 뒤 움직 도르래와 연결하고, 그 끈을 배에 단단히 붙잡아 매었다. 준비를 마친 아르키메데스는 왕이 보는 앞에서 모래에 앉은 채로 움직 도르래에 달린 끈을 천천히 잡아 당겼다. 그런데 얼마 뒤 그 큰 배가 아르키메데스 한 사람의 힘에 의해 끌려오는 것이 아닌가. 이를 지켜보던 왕은 물론이고 주위의 많은 사람이 모두 일어나 함성을 지르며 놀라움을 감추지 못하였다.

"저럴 수가? 마치 조용한 해상에서 돛에 바람을 맞고 달리는 것과 같이 일정한 속도로 끌려 오고 있다!"

그러나 구경하던 사람들은 그 배가 어떤 이유로 그렇게 힘없이 끌려오는가에 대해서는 조금도 이해할 수 없었다. 아르키메데스는 오직 왕에게만 그 원인을 설명했다.

## 과학적 사고로 생각하기

### 도르래

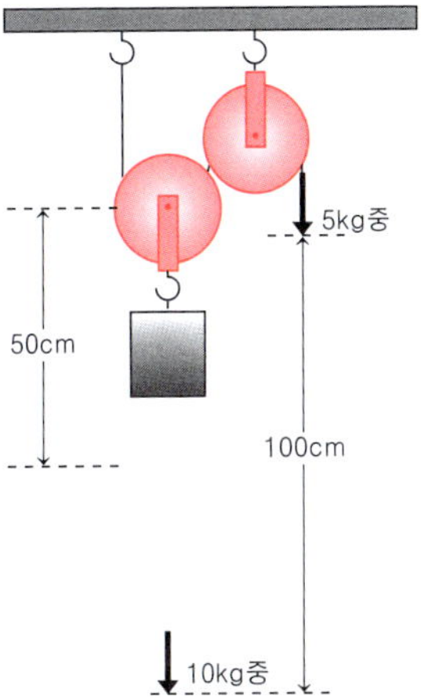


고정 도르래는 방향만 바꿀 뿐 일은 덜어 주지 못하나, 움직 도르래는 방향은 그대로나 무게를 $\frac{1}{2}$로 줄여준다. 그 대신 줄의 길이가 배로 늘어난다.

때문에 배를 모래 위에 끌어올리는 데 몇 개의 움직 도르래를 사용하였는가에 대해서는 나와 있지 않지만 범선을 힘들지 않고 끌어 올렸다면 많은 움직 도르래가 사용되었을 것이다. 그렇다면 줄은 얼마나 더 많이 끌어올려야 할까?

예를 들어 1톤의 배를 1m 끌어올리는데 한 개의 움직 도르래를 사용한다면 500kg의 힘으로 2m의 줄을 당겨야 하며, 두 개의 움직 도르래를 사용한다면 250kg의 힘으로 4m의 줄을, 세 대의 움직 도르래를 사용했다면 125kg의 힘으로 8m의 줄을 끌어 올려야 한다. 그러므로 세 개 이상의 움직 도르래를 사용했다면 배는 아주 천천히 모래 위로 올라 왔을 것이다.

또 아르키메데스는 군중이 있는 데서 이런 말을 했다고 한다.

"나에게 설 땅과 충분히 긴 지렛대를 주면 이 지구도 움직여 보이겠다."

## 과학적 사고로 생각하기

### 지 레

지레는 시소가 움직이는 원리와 같다. 시소의 중심축을 가운데 놓고 한쪽에 앉은 사람을 일점으로, 다른 한쪽에 앉은 사람을 힘점으로 보면 된다. 그러니까 시소는 양쪽의 무게가 균형을 이룰 때 수평으로 되는데, 그 균형은 중심축과 사람이 앉은 위치(그림으로 보면 50㎝×4kg=10㎝×20kg중)에 의해 균형을 이룬다. 그러므로 가벼운 사람이라도 시소의 중심축에서 멀수록 무게를 얻는다.

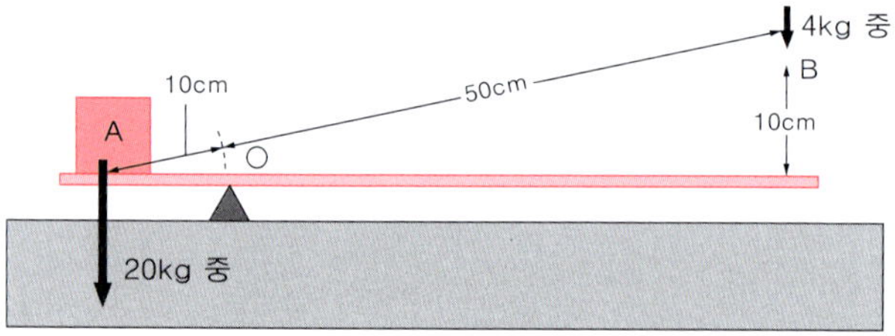


아르키메데스는

지구의 무게×받침대에서부터 지구의 거리를 짧게 놓고 =
A

자신의 무게×힘점의 거리
B

즉, B와 A의 합이 같을 때까지 지렛대의 길이를 길게 하면 된다는 주장이다.

## 3. 로마군의 침공을 쉽게 물리치다

로마 장군 마르켈루스는 육지나 바다 양쪽으로 공격을 개시했다. 그는 공격에 대한 치밀한 준비를 하여 침공에 나선 것이다. 그러나 그는 아르키메데스의 기술을 너무 가볍게 여겼다. 반면에 아르키메데스의 기술은 완벽했고 군사들은 전쟁기계의 사용법에 대한 충분한 훈련을 받았다. 아르키메데스의 지휘를 받은 시라쿠사의 병사들은 지렛대의 원리를 이용한 '투석기'와, 도르래의 원리를 이용한 기계를 성 밑에 바짝 대어 놓은 배에 내려 배를 공중으로 끌어올렸다 놓음으로써 산산조각이 나게 하였다. 투석기는 시소처럼 연방 돌을 날아 성으로 기어 오르는 로마 병사를 향해 쏘아댔다.

이 전쟁의 모습을 기록으로 본 고대 저자는 다음과 같이 묘사하고 있다.

해면에서 높이 끌어 올려진 배는 상하좌우로 흔들려서 승무원들은 한 사람 남김없이 바다로 떨어지든가 또는 투석기로부터 날아온 돌에 맞아서 넘어지든가 하는 놀라운 광경을 볼 수 있었다. 이렇게 해서 텅빈 배는 암벽에 부딪쳐서 부서지거나 쇠갈퀴로부터 벗어나서 공중 높이에서 바다로 떨어졌다.

로마군을 이끌고 온 마르켈루스는 밤이 새기 전에 다시 바다로부터 공격을 시작했다. 마지막 발악이었다. 그러나 이 역시 미리 준비해놓은 비밀병기에 의해 여지없이 무너지고 말았다. 마침내 로마군은 물러서면서 다음과 같이 말하였다고 한다.

저 기하학자는 해안에 앉아서 우리들의 배를 뒤엎는 놀이를 하고 영원한 치욕을 우리에게 안겨 주었다. 또 그렇게도 많은 무기로 한꺼번에 돌을 던지는 점에서 이야기 책에 나오는 100개의 손을 가진 거인보다도 뛰어났다. 우리는 저 사나이에게 굴복하고 말 것인가?

그러나 로마군은 끈질겼다. 로마로 돌아간 그들은 다시 전쟁 준비를 하여 공격에 임하였다. 그러나 그들은 이제는 웬일인지 주위에 배만 정착시켜 놓았을 뿐 공격을 하지 않는 것이었다. 이를테면 '봉쇄'를 한 것이다. 그들은 이 작은 도시국가를 무력으로 침공하여서는 승산이 없을 것 같자 이번에는 봉쇄작전을 한 것이다. 3년 동안을 해상과 육상을 완전히 봉쇄하자 시라쿠사는 생필품이 부족하고, 봉쇄와 생필품 부족에 대한 공포가 시민 사이에 퍼지자 그들은 항복하지 않으면 모두 굶어 죽을 것이라는 불안에 싸이기 시작했다. 동요한 것이다. 이 때를 기해 마르켈루스는 시라쿠사의 시민 약간을 매수하기 시작하였다. 그리고 그들이 안내하는 샛길을 따라 로마군 약간을 잠입시켜 통로를 열었다. 이미 내부는 동요하여 불안에 떨었던 터에 그림자처럼 잠입한 로마군사를 보자 시라쿠사 군은 사기를 잃고 모두 항복하였다.

이 때 그들이 그처럼 두려워하고 무서워하던 아르키메데스는 제일 먼저 살해되었다. 이것이 B.C 212년 내지 B.C 211년이라고 전한다.

아르키메데스는 이밖에도 많은 발명의 일화를 남겼다. 그중 유명한 것 하나가 '스크루 펌프' 라고 하는 것인데 이는 오늘날까지도 오물을 끌어올리는데 사용하고 있다. 폐수처리장에서 이와 같은 방식으로 펌프를 설

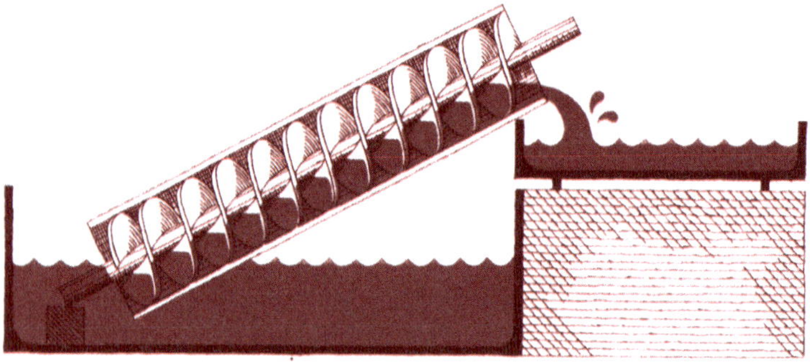

아르키메데스의 발명품으로 생각되는 아르키메데스의 스크루펌프

계하면 오물이 막히지 않고 잘 끌어 올려졌다고 한다.

또 오늘날과 같은 볼록렌즈의 원리를 이용하여 커다란 거울로써 태양빛을 이용하여 적의 배를 태우기도 했다고 하나 이에 대한 뚜렷한 증거는 보이지 않는다. 그는 물리적인 법칙이나 발명만이 아니라 수학에도 큰 공을 남겼다.

# 한걸음 더 나아가기

우리는 앞에서 아르키메데스가 로마군을 맞아 여러 가지 신병기를 가지고 훌륭히 싸우는 것을 보았다. 이는 도드래나 지렛대 등의 원리를 이용하여 많은 힘을 얻을 수 있었기 때문에 가능했다. 또 하나는 성 위에 위치하여 아래에서 올라 오는 로마군을 공격한다는 이점, 그러니까 중력을 이용했기 때문에 더 큰 효과를 올릴 수 있었다. 이제 그에 대해 좀더 깊이 있게 살펴보자.

## 1. 일

일은 일상 생활에서 물건을 나르거나 땅을 파는 것과 같은 육체적인 운동은 물론이고, 책을 읽거나 사무를 보는 것과 같은 정신적인 활동도 일을 한다고 한다. 그러나 과학에서 말하는 일은 약간 다르다.

### ● 지구 중력을 거슬러 올릴 때 일을 한다

걸상 한 개를 책상 위에 들어 올릴 때, 일 층에서 이 층으로 올라갈 때 우리는 일을 한다. 또 걸상 두 개를 동시에 책상 위에 들어올릴 때는 한 개를 올릴 때의 두 배의 일을 한다고 말한다. 같은 시간에 일 층에서 이 층까지 올라가는 것보다 일 층에서 삼 층까지 뛰어 올라갔다면 이도 일을 두 배 한 것이라고 볼 수 있다. 그러므로 일은 힘과 거리에 관계된다.

이때 일을 W로, 힘을 F로, 물체의 이동거리를 S로 표시하면

$$일 = 힘 \times 거리$$
$$W = F \cdot S$$

로 나타낼 수 있다. 그러므로 한 일의 양을 알아 내려면 물체에 준 힘과 물체가 힘의 방향으로 이동한 거리를 측정하면 된다.

일의 단위로는 줄(J)을 사용한다. 1줄(J)은 1힘(N)을 물체에 주어 물체가 힘의 방향으로 1m 움직였을 때 한 일의 양이다.

$$1J = 1N \times 1m = 1N \cdot m$$

그러면 물체를 들어 올리는 경우 힘이 한 일은 어떻게 될까? 모든 물체는 중력이 아래 방향으로 작용하고 있으므로 물체를 들어올리려면 물체의 중력과 같은 힘을 위의 방향으로 주어야 한다. 따라서

질량 1Kg인 물체에 작용하는 중력은 9.8N이므로, 질량 m(kg)인 물체를 높이 h(m)만큼 들어올린 때 중력에 대하여 힘이 한 일 W(J)는

$$W = FS = 9.8m \times h = 9.8mh$$

가 된다. 여기서 9.8은 중력, m은 질량, h는 높이이다.

**확인문제 1**

역도 선수가 질량 150㎏인 역기를 2m 높이까지 들어올렸다. 이 선수가 한 일은 몇 J인가?

풀이 $W=9.8mh$에서 $m=150kg$, $h=2m$이므로

$W=9.8\times150\times2=2940(J)$

답 2940J

그런데 일을 한 것만으로는 걸리는 시간에 대해서 아무 것도 알 수 없다. 계단으로 짐을 들어올리는데 걸어 올라가나 뛰어 올라가나 한 일은 같다. 그러나 천천히 계단을 걸어 올라간 때보다 계단을 뛰어 올라갈 때 더 피로한 이유는 무엇인가? 이 차이를 이해하기 위하여 일이 얼마나 빠르게 행해지는가를 따질 필요가 있다. 즉 일률은 반이 된다.

일률은 단위 시간에 행해진 일로써

$$\text{일률} = \frac{\text{한 일}}{\text{시간 간격}}$$

로 나타낼 수 있다. 일률이 두 배라는 것은 같은 양의 일을 하는데 반 시간밖에 걸리지 않는다거나 또는 같은 시간에 두 배의 일을 한다는 것을 뜻한다.

### ● 물건을 수평으로 이동할 때

우리는 복도 한쪽 끝에 있는 책상을 밀고 이쪽 교실까지 오기도 한다. 또는 얼음판에서 썰매를 탄 어린이를 밀고 가기도 한다. 이런 때도 일을 한다고 말한다. 이때 썰매를 탄 어린이를 밀고 갈 때보다 복도 끝에서 책상을 밀고 올 때 더 힘이 든다. 책상의 무게와 어린이의 체중이 같은 무게라고 가정해도 마찬가지다. 이는 마찰력의 차이 때문이다. 만약에 물체에 작용하는 마찰력이 영이라면 일도 영이 된다. 다음은 두 손으로 벽을 힘껏 밀어 본다. 힘은 주었지만 벽은 꼼짝도 하지 않는다. 이런 때는 일을 했다고 할 수 없다. 물체가 이동한 거리가 없기 때문이다.

**확인문제 2**

수평면에서 어떤 상자를 밀어 옮기는 데 드는 최소의 힘이 20N이다. 이 힘으로 상자를 50m 옮겨 놓았다.

① 상자에 작용한 마찰력은 몇 N인가?

② 마찰력에 대하여 한 일은 몇 J 인가?

**풀이** ① 마찰력 = 상자를 옮기는데 드는 최소의 힘

② $W=Fs$에서 $F=20N$, $s=50m$이므로

$W=20N\times 50m=1,000J$

**답** ① 20N ② 1,000J

## 2. 일의 원리

### ● 도르래를 이용하는 까닭은 무엇일까

도르래의 편리함은 아르키메데스가 시라쿠사 왕에게 설명할 때 배웠다. 다시 한번 도르래를 이용하면 힘이 얼마나 들고, 또 힘이 한 일은 어떻게 되는지 살펴보자.

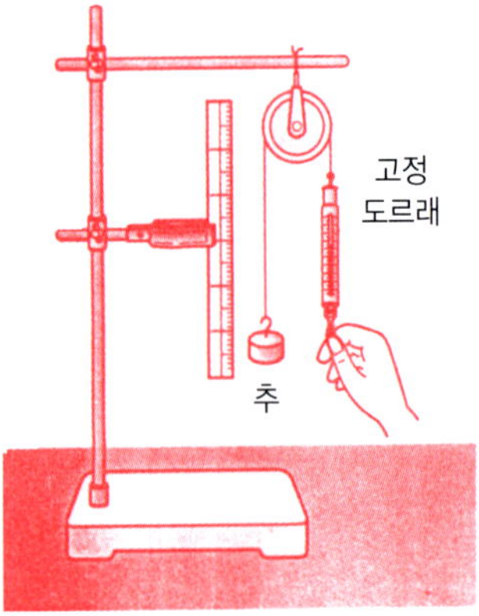


고정 도르래

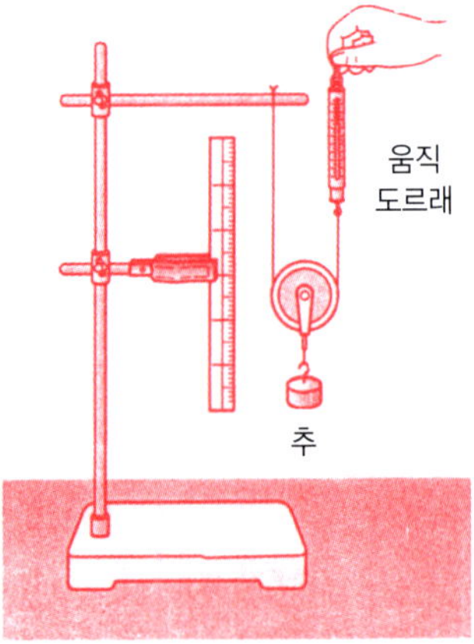


움직 도르래

위의 그림에서 알 수 있듯이 고정 도르래를 통하여 추가 매달려 있도록 저울을 당기는 힘은 추의 무게와 같다. 또 저울을 아래로 당긴 거리는 추가 올라간 거리와 같다. 따라서 고정 도르래는 저울을 당긴 힘과 추가 받는 일은 같고 다만 힘의 방향만 바꿔준다.

한편 움직 도르래에 추가 매달려 있도록 저울을 당기고 있는 힘은 추의 무게의 $\frac{1}{2}$이고, 저울을 위로 당긴 거리는 추가 올라간 거리의 2배 임을 알 수 있다. 그 이유는 무엇일까? 그것은 그림과 같이 도르래 양쪽의 두 실이 추를 당기는 힘과 같기 때문에 저울을 당기는 힘은 추 무게의 $\frac{1}{2}$이 되며 실은 두 배로 올려야 한다.

**확인문제 3**

오른쪽 그림과 같이 가벼운 움직 도르래와 고정 도르래를 이용하여 물체를 800N의 힘으로 3m 들어올렸다.

① 물체의 무게는 몇 N 인가?

② 물체에 한 일은 몇 J 인가?

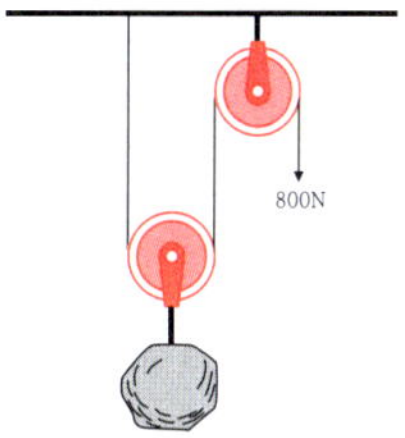


**풀이** ① 두 줄이 당기는 힘이 각각 800N이므로 물체의 무게는

$800N \times 3 = 2400N$

② 물체에 한 일은 힘과 움직인 거리의 곱이므로

$2400N \times 3m = 8400J$

**답** ① 2400N ② 8400J

### ● 지레는 어떻게 이용될까

지레는 받침대를 놓고 지레대를 사용하여 무거운 돌을 옮길 수 있다. 왜일까? 그 이유를 알기 위해 다음과 같은 실험을 해 보자.

중심축의 왼쪽에 추를 놓고 오른쪽에 마찬가지로 같은 크기의 추를 걸어 놓았을 때 서로 수평을 이루는 것을 본다. 이번에는 추를 하나 줄이고 옆으로 10cm 오른쪽으로 옮겼을 때 두 추는 서로 수평을 이루었다. 세 번째의 실험에서도 마찬가지이다.

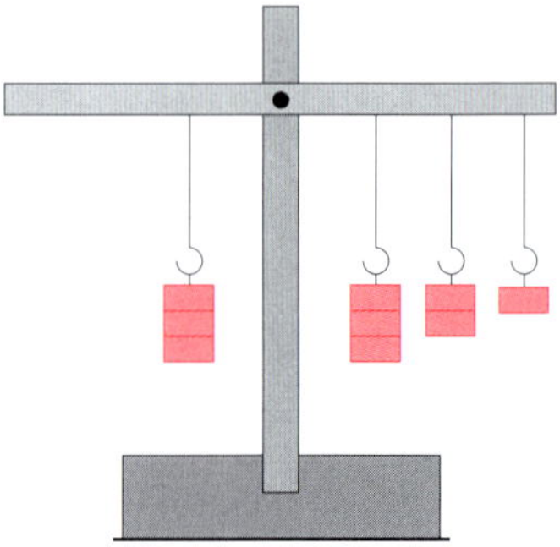

따라서 저울에서 왼쪽의 추를 들어올리는 힘은, 추의 무게 곱하기 거리임을 알 수 있다.

**확인문제 4**

가벼운 수평 막대 저울을 사용하여 물체의 질량을 측정하였다. 이 때 추의 질량은 0.6kg이었다.

① 물체의 질량은 얼마인가?

② 물체의 질량을 측정할 때 손잡이에 작용하는 힘은 약 얼마인가?

**풀이** ① 손잡이와 추 사이의 거리가 손잡이와 물체 사이의 거리의 6배이므로 물체의 무게는 추의 무게의 6배가 된다. 따라서 물체의 질량은 $0.6\text{kg} \times 6 = 3.6\text{kg}$ 이다.

② 손잡이로 물체와 추를 동시에 들고 있으므로 손잡이에 작용하는 힘은 $9.8 \times 3.6\text{N} + 9.8 \times 0.6\text{N} \fallingdotseq 41.2\text{N}$ 이다.

**답** ① 3.6kg ② 약 41.2N

# 갈릴레오와 피사의 사탑

– 갈릴레오 –

1. 갈릴레오와 피사의 사탑
2. 경사면 위에서의 가속도
3. 빠른 변화가 얼마나 빨리 일어났는가?
4. 진자의 등시성을 발견
5. 갈릴레오와 망원경
6. 종교 재판

2

## 1. 갈릴레오와 피사의 사탑

피사대학 수학 강사로 있던 갈릴레오는 물체가 공중에서 떨어지는 속도에 관해서 공개 실험을 하기로 하였다. 당시 대학에서는 아리스토텔레스의 학설을 가르쳐 왔으며, 그것은 거의 2,000년 동안이나 지지되어 왔었던 것이다.

아리스토텔레스는 운동을 두 종류로 나누고, 하나는 강제적인 운동이며 다른 하나는 '물체의 본성으로부터 출발하는 운동' 이라고 믿었다. 즉 어떤 물체는 그가 있어야 할 적절한 장소에 있으며 만약 그렇지 않다면 '그 자리로 돌아가려는 성질' 이 있다고 생각했다. 예를 들면 연기는 하늘에 있어야 할 물건이므로 하늘로 올라가며, 새의 깃털은 공기 중에 있어야 할 물건이므로 공중을 가볍게 날아다니며, 진흙은 땅에 있어야 할 물건이므로 땅으로 떨어진다. 그리고 크고 무거운 물체일수록 빨리 땅에 떨어진다. 그러므로 물체는 자신의 무게에 비례하는 속도로 떨어진다. 그러나 갈릴레오는 오랜 전통을 가진 아리스토텔레스의 학설에 의문을 가졌던 것이다. 그것은 옳지 않은 주장이다. 물질의 고유한 성질대로 움직인다는 것이 잘못된 주장이다. 당시 갈릴레오는 모든 원리를 실험에 의해 가르치기로 유명한 선생이었다. 그리고 그는 어떤 권위 있는 학설이라도 의문을 가지면 이를 실험하여 그의 타당성이나 부당성을 증명해 보이려는 열의에 찬 청년이었다. 갈릴레오는 아리스토텔레스의 '물체의 낙하'에 대한 실험을 하기로 마음먹고 적당한 장소를 물색 중에 '사탑'을 보았다.

"옳지, 저 사탑에서 실험을 하자!"

사탑은 갈릴레오가 강의하는 대학에서 그리 멀지 않은 곳에 있었으며, 이 건물은 한쪽으로 무서울 정도로 기울어져 있어서 꼭대기에서 연직선으로부터 14피트 정도나 밖으로 나와 있었다. 갈릴레오는 그 사탑이야말로 자신의 '낙하' 실험을 하기에 안성맞춤이라고 여겼다. 이 건물은 피사 대사원의 종루로서 12세기에 착공되었던 것인데 일곱 개의 층과 그 위에 종을 단 담이 있고 그 높이가 약 180피트나 된다. 이 탑은 고의로 그렇게 지은 것이 아니었고 애초에는 똑바로 세우려던 것이었으나 기초로 세운 나무를 박은 곳이 진구덩이어서 탑이 약 10피트 높이까지 지어졌을 때부터 한쪽으로 기울기 시작했다고 여겨진다. 그러나 당시의 사람들은 이 탑의 공사를 끝까지 강행하여 지금의 높이까지 완성했다고 한다.

갈릴레오와 사탑

갈릴레오는 1590년 어느 날 나선형 계단을 올라 이층의 회랑으로 나갔다. 그는 금속의 크고 작은 공을 두 개 가지고 갔다. 큰 것은 100파운드의 무게이며 작은 하나는 10파운드의 무게를 가졌는데, 그는 이 회랑에서 공개 실험을 하기로 하여 많은 사람들을 불러 모았다. 그 중에서는 대학생도 있었고, 학자도 있었으며, 신부도 있었다. 그러나 모여든 구경꾼은 갈릴레오가 실험을 하기도 전에 이미 그의 주장을 허무맹랑한 것이라고 여겨 믿으려 하지 않았으며, 그를 비난하기 시작하였다. 그들은 아리스토텔레스의 학설을 굳게 믿었던 것이다.

이윽고 갈릴레오는 회랑의 맨 끝으로 나와 아래서 그를 올려다 보는 많은 구경꾼을 향해 지금부터 낙하 실험을 할 것임을 말했다.

"자 보십시오. 여기에 이처럼 크기가 다른 두 쇠공이 있습니다. 이제부터 이 쇠공을 이 상자에 넣은 뒤 거꾸로 쏟을 것입니다. 그러면 이 쇠공이 아래 널판 위에 어떻게 떨어지는지에 대해 여러분이 똑똑히 보십시오."

갈릴레오는 잠시 말을 끊고 물을 한 컵 마신 뒤 말을 계속했다.

"무게가 다른 이 두 쇠공이 만약 똑같은 속도로 널판지 위에 떨어진다면 아리스토텔레스의 학설이 잘못된 것임을 확인할 수 있는 것입니다."

아래서는 야유와 심지어 욕설까지 쏟아졌다. 그러나 갈릴레오는 실험을 하기 위해 두 개의 쇠공을 상자에 넣었다가 뒤집은 뒤 수평의 상태로 만든 다음 뚜껑을 열었다. 두 개의 쇠공은 동시에 지상을 향해 떨어졌다. 군중은 두 쇠공이 공중을 함께 나란히 떨어지는 것을 보았고 또 똑같은 시각에 지면에 떨어지며 '쿵' 하는 하나의 소리를 들었다. 두 개의 쇠공은 동시에 떨어진 것이다. 사람들은 놀랐다. 그들은 지금까지 믿고 있던 바와 같이 무거운 쇠공은 빨리 떨어지고 가벼운 쇠공은 훨씬 늦게 떨어질 줄로만 예상하고 있었기 때문이다.

## ● 갈릴레오가 정말 사탑에서 낙하 실험을 하였을까?

과학사를 연구하는 후세의 이들로부터 이러한 갈릴레오의 실험에 대해 많은 의심을 하게 한다. 그것은 첫째, 그 실험이 행해졌다고 하는 시대에 살았던 사람들의 저서 어디에도 갈릴레오의 실험에 대해서는 나타나 있지 않다. 둘째, 갈릴레오 자신의 저서에도 낙하에 대한 실험에 대해 자세히 기록되어 있지 않으며, 더욱이 사탑에 올라가 두 공을 실험한 이야기는 없다. 셋째, 갈릴레오의 '낙하' 실험을 이처럼 자세히 기록한 저서는 갈릴레오를 매우 존경하고 있던 비비아니 (Vincenzio Viviani 1622~1703)의 '갈릴레오 전기' 에 처음 기록되었다는 점이다. 그리고 이 책은 이 실험이 행했다고 하는 해로부터 64년이나 뒤에 출판된 것이다.

과학사를 보면 그를 숭배하는 전기 작가나 후배 과학자가 그를 존경한 나머지 다른 사람이 한 중요한 일을 그의 일로 바꿔 기록하는 일이 종종 있기 때문에 이 역시 그럴 가능성이 높다고 보는 것이다.

그럼 비비아니의 발상은 어디서 얻은 것일까?

시몬 스테반(Simon Stevin 1548~1620)이란 사람은 당시에 뛰어난 군사기술지로서 네덜란드 육군 경리감이었다. 그는 수학적 재능이 뛰어났으며 또한 유럽 수학 10진법을 도입하는 데 공적이 큰 인물로 알려졌다.

스테반은 당시 학자들 사이에 가지고 있던 '물체의 낙하' 에 관한 성질에 대한 의심을 풀기 위해 동료였던 데 그로트(1554~1640)와 함께 납 공

스테반이 두 개의 공을 떨어뜨리다

을 가지고 자신의 집 이층으로 올라갔다. 물론 두 개의 공은 하나가 크고 하나는 작아서 큰 공은 작은 공 무게의 10배가 되었다. 그리고 그들은 이층으로 올라가기 전에 창 밖에 공을 떨어뜨릴 장소에 미리 수평으로 된 널판지를 깔고 공의 낙하에 대해 관찰하기 쉽도록 준비를 해 놓고 간 것이다. 두 사람은 올라가 두 공을 동시에 떨어뜨렸더니 두 공은 그 무게와 관계 없이 똑같이 떨어진 것이다. 이 실험이 행해진 것은 1587년이었다.

그러나 갈릴레오가 그 실험에서 학문적으로 참고를 한 것은 아니다. 왜냐하면 모든 기록에서도 갈릴레오가 이 실험을 알았다는 증거가 없었으며, 갈릴레오가 그동안 몰두해 오던 물체의 운동에 대한 연구 실적을 본다면 그럴 가능성은 하나도 없다. 다만 갈릴레오의 전기를 적은 비비아니가 이 실험의 기록을 보고, 또 갈릴레오가 피사에 산다는 점에 착안하여 피사의 사탑에서의 '낙하' 실험을 한 것으로 보고 있다.

## 과학적 사고로 생각하기

그럼 왜 갈릴레오는 2000년 동안이나 서양 학문의 고전으로 전해오던 아리스토텔레스의 학설을 의심하고 '물질의 낙하 운동'에 대해 몰두하기 시작하였는가?

갈릴레오는 경사면 위에서 여러 물체의 운동을 실험하여 자신의 가정을 확인하였다. 경사면의 아래쪽을 향해 구르는 공의 속도는 증가하며, 경사면의 위쪽을 향해 구르는 공의 속도는 감소한다는 것을 깨달았다. 이 결과로부터 수평면 위에서 구르는 공은 속도를 얻지도 잃지도 않는다면 같은 속도로 언제까지나 구를 것이라고 판단하였다. 공은 원래의 성질 때문이 아니라 마찰 때문에 결국에는 정지할 것이다. 즉 마찰이 적다면 물체의 운동은 오랫동안 지속되며, 마찰이 더욱 더 작아지면 운동은 거의 일정한 속도에 접근하게 될 것이다. 마찰이나 저항하는 힘이 없다면 수평으로 운동하는 물체는 영원히 운동을 계속할 것이라고 갈릴레오는 추측하였다.

경사면 아래로는
속력이 증가한다
경사면 위로는
속력이 감소한다
경사가 없으면
속력이 변하는가?

갈릴레오의 생각이 여기에 이르자 그는 곧 다른 실험에 착수하였다. 그것은 두 개의 경사면을 서로 맞붙여 놓은 것이다. 경사면의 꼭대기에 정지해 있던 공을 아래쪽으로 놓으면, 굴러 내린 후 거의 처음의 높이에 도달할 때까지 경사진 면을 거슬러 올라간다. 갈릴레오는 마찰만이 공이 같은 높이까지 올라가는 것을 방해한다고 생각하였다. 면이 더 평탄하면 공은 거의 같은 높이까지 올라갈 것이다[그림 1]. 그 다음 위로 경사진 면이 각도를 줄여주면 공은 처음의 높이까지 올라갔으나 더 멀리 갔다[그림 2]. 각도를 더욱 더 줄여 준다면 공은 매번 더 멀리 갔다. 그렇다면 '긴 수평면

그림 1

그림 2

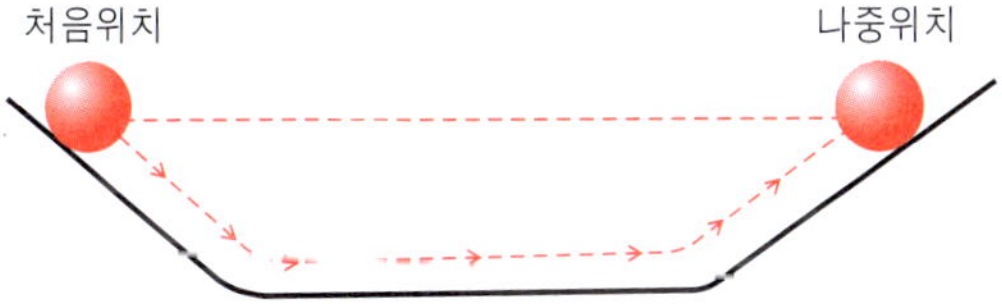


그림 3

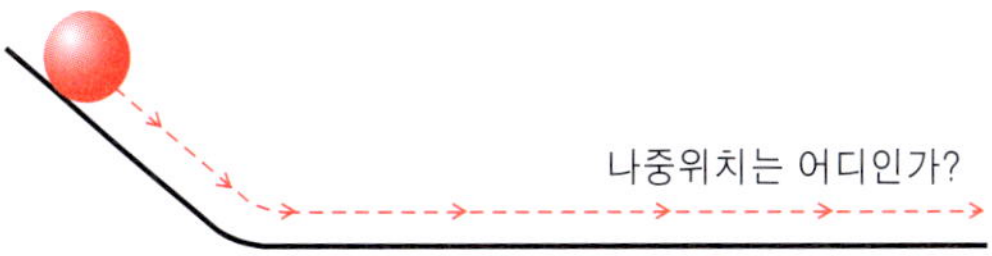

이 있다면 공은 같은 높이에 도달하기 위해 얼마나 멀리 가야 하는가?' [그림 3]

갈릴레오는 다음과 같이 생각하였다. 첫 번째 경사면에서 아래쪽을 향한 공의 운동은 모든 경우에 같기 때문에 둘째면을 올라가기 시작할 때의 공의 속력은 어느 경우에나 같다. 공이 가파른 경사를 올라간다면 속력을 급속히 잃을 것이다. 경사가 완만하면 공은 속력을 적게 잃을 것이고 오랫동안 구를 것이다. 경사가 더 완만하면 공은 더 천천히 속력을 잃을 것이다. 경사가 전혀 없는 극단적인 경우에, 즉 면이 수평일 때 공은 절대로 속력을 잃어서는 안 된다. 지연시키는 힘이 없는 경우에 공은 속력의 감소없이 영원히 움직여야 한다.

이것이 운동하는 물체는 운동을 계속하는 성질을 가졌으며, 이와 같은 성질을 갈릴레오는 '관성' 이라고 불렀다. 그는 이런 관성으로부터 물체의 '낙하 운동' 에 대해, 모든 물체는 공기의 방해를 받지 않는다면 같은 속도로 떨어질 것이란 믿음을 가지고 있었기 때문에 앞서와 같은 실험을 한 것으로 보인다. 갈릴레오는 '관성' 에 대해서는 어느 정도 알고 있었으나 물체가 지구를 향해 낙하하는 중력과의 관계에 대해서는 아직 모르고 있었던 것 같다.

관성에 대한 갈릴레오의 개념은 아리스토텔레스 학파의 운동 이론을 믿을 수 없는 것으로 만들어 버렸다. 아리스토텔레스는 마찰이 없을 때 물체의 운동은 어떤 것인지를 상상할 수 없었기 때문에 관성에 대한 아이디어를 인식하지 못하였다. 그의 경험에서는 모든 운동은 저항을 받게 되어 있으며, 이 사실을 운동 이론의 핵심으로 다루었다. 아리스토텔레스의 마찰에 대한 이해의 실패는 갈릴레오의 시대까지 2000년 동안 물리학의 발전을 저해하였다. 그러나 갈릴레오의 관성을 우주 전체에 대한 종합적 원리(중력에 의한 설명)로 발전시킨 것은 뉴턴에 의해서이다.

# 한걸음 더 나아가기

갈릴레오는 아리스토텔레스의 운동에 대한 설명 가운데 중요한 요소 중 하나인 '시간' 에 대해 다시 설명을 하였다. 그것은 '시간변화율' 이었으며, 어떤 양의 시간 변화율은 그 양의 시간으로 보는 것이다. 이것은 어떤 일이 얼마나 빨리 발생하는가 또는 어떤 양이 어떤 시간 동안에 얼마나 빨리 변화하는가를 말해준다. 이는 '속력' 과 '속도' 및 '가속도' 로 구분하여 설명할 수 있다.

## 1. 속력

운동하고 있는 물체는 주어진 시간에 적당한 거리를 움직인다. 예를 들면 자동차는 한 시간에 먼 거리를 여행한다. 속력은 물체가 얼마나 빨리 움직이는가를 나타내는 양이다. 다시 말해 그 물체가 거기까지 움직이는데 얼마의 시간이 소요되었느냐 하는 것으로서

$$\text{속력} = \frac{\text{거리}}{\text{시간}}$$

로 표현된다.

**확인문제 1**

치타가 1시간에 80km를 달린다면 이 치타의 속력은 얼마나 되는가?

풀이 $\frac{80}{1(\text{시간})} = 80\text{km}$

답 80km/h (속력의 단위)

그러나 어떤 물체의 속력이 80km/h라고 해서 처음부터 80km/h로 달릴 수 있는 것은 아니다. 그러므로 그 물체가 1시간 동안 속력의 합을 1시간으로 나눈 것을 '평균 속력' 이라 하고, 한 순간에 갖는 속력을 '순간 속력' 이라고 한다. 그러므로 평균 속력은 다음과 같이 나타낸다.

$$\text{평균 속력} = \frac{\text{전체의 움직인 거리}}{\text{걸린 시간}}$$

**확인문제 2**

평균 속력 60km/h로 자동차가 1시간 여행한다면 60km의 거리를 여행할 것이다.

① 이 속력으로 4시간 동안 달릴 때 주행한 거리는?

② 자동차가 60km/h의 평균 속력을 얻으면서 속력계에서 60km/h의 눈금을 결코 초과하지 않는 것이 가능한가?

**풀이** 거리 = $60km/h \times 4h = 240km$

**답** ① 240km

② 가능하지 않다. 여행이 정지 상태로부터 출발하여 정지 상태로 끝난다면 60km/h보다 작은 순간 속력을 갖는 시간 간격이 있다. 그러므로 때로는 60km/h 이상을 달릴 수 있어야 평균 속력이 60km/h에 도달할 수 있다.

## 2. 속도

우리는 '속력'과 '속도'를 혼동하여 사용하고 있으나 엄밀하게 말하면, 물체가 시간당 60km로 여행한다고 말할 때는 물체의 '속력'을 말하는 것이며, 물체가 북쪽으로 시간당 60km로 운동한다고 말할 때는 물체의 '속도'를 말하고 있는 것이다.

이때는 자동차의 '속도'를 말한다.

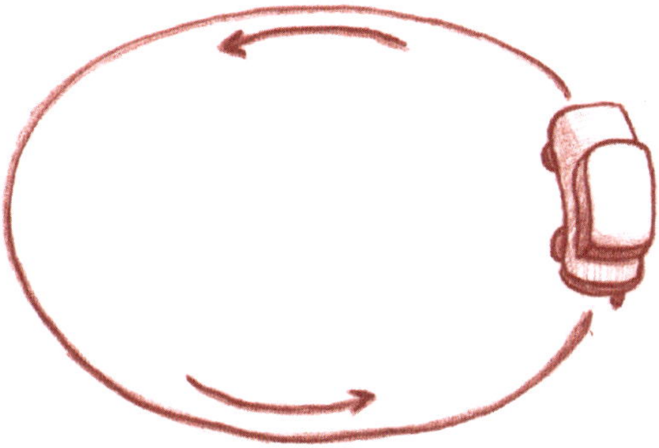


원형 도로상에 있는 자동차로 60km/h의 속력으로
간다고 말할 수는 있으나 속도는 매순간마다 변한다.

**확인문제 3**

북쪽으로 여행하는 자동차의 속력계가 100km/h를 가리킨다. 이 자동차는 남쪽으로 100km/h로 여행하는 자동차를 통과한다. 두 자동차가 같은 속력을 갖고 있는가? 또 이들은 같은 속도를 갖고 있는가?

답 두 자동차는 같은 속력을 가지나 반대방향으로 움직이고 있기 때문에 다른 '속도'를 갖는다.

## 3. 가속도

물체의 속력이나 운동방향을 바꾸거나 또는 이 둘을 함께 바꾸어 물체의 속도를 변화시킬 수 있다. 속도의 변화율은 '가속도' 라고 한다. 그러므로 가속도는 매 순간의 속도의 변화의 합을 소요된 시간으로 나누면 된다.

$$가속도 = \frac{속도의\ 변화}{시간\ 간격}$$

**확인문제 4**

1. 어떤 차가 1초 동안에 30km/h에서 35km/h로, 다시 1초 동안에 40km/h로, 또 1초 동안에 45km/h로 매초마다 5km/h로 속도를 증가시켰다. 그럼 자동차의 가속도는 얼마일까?

$$가속도 = \frac{속도의\ 변화}{걸린\ 시간} = \frac{5km/h}{1s} = 5km/h \cdot s$$

로 나타낼 수 있다.

2. 어떤 자동차가 2.5초 동안에 60km/h에서 65km/h로 증가시켰다면 이의 가속도는 얼마인가?

풀이 $가속도 = \frac{65km/h - 60km/h}{2.5s} = \frac{5km/h}{2.5s} = 2km/h \cdot s$

답 2km/h · s

## 2. 경사면 위에서의 가속도

갈릴레오는 여러 가지 경사면을 만들어 실험을 함으로써 경사면에 따라 가속도가 달라짐을 발견하였다.

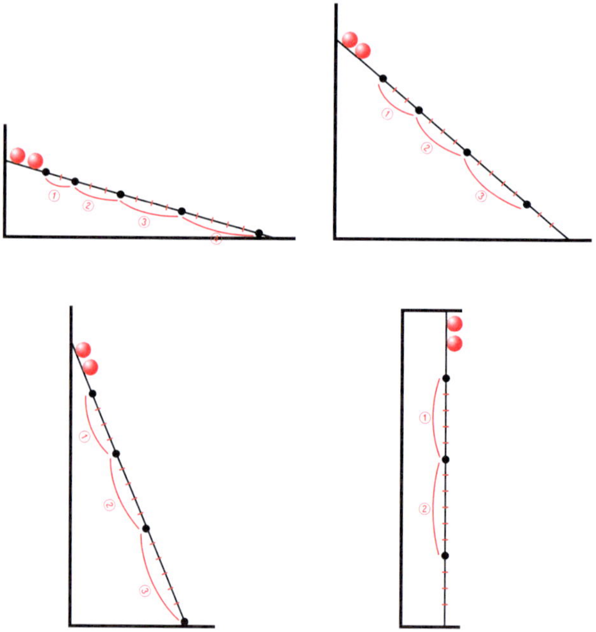

별색의 번호는 경사면에 일정하게 나타낸 눈금을 가리키며 검은 점은 각각 다른 네 경사면 위를 구슬이 같은 시간에 굴러간 속도를 말한다.

이로써 갈릴레오는 경사가 급할수록 가속도가 커지는 것을 발견하였으며 경사면이 수직일 때는 구슬이 최대 속도를 갖는다. 물체의 무게와 크기에 관계 없이 공기의 저항이 무시될 정도로 작다면, 모든 물체는 일정한 가속도를 갖는다고 결론지었다.

그것은 경사면에서 등가속되는 물체가 운동한 거리는 시간의 제곱에 비례한다는 것이다.

$$\text{운동한 거리} = \frac{1}{2}(\text{가속도} \times \text{시간} \times \text{시간})$$

즉,

$$d = \frac{1}{2}gt^2$$

로 표시할 수 있으며, 여기서 d는 t동안 물체가 떨어진 거리이다. g의 값으로 10m/s2(정확히는 9.8m/s2)를 사용하며 여러 시간 동안 떨어진

| 낙하시간 (S) | 낙하거리 (m) |
|---|---|
| 0 | 0 |
| 1 | 5 |
| 2 | 20 |
| 3 | 45 |
| 4 | 80 |
| 5 | 125 |
| ⋮ | ⋮ |
| t | $\frac{1}{2}(10t^2)$ |

낙하하는 물체에 속력계를 장착하였다고 가정하자. 속력계에 나타나는 낙하한 거리는 시간에 따라 $\frac{1}{2}gt^2$으로 증가하며 그 결론은 왼쪽의 표와 같을 것이다.

거리도 아래 표에 주어진 것과 같다(자유 낙하시 1초 후 물체의 속력은 10m/s2일지라도 최초의 1초 동안은 단지 5m 거리만 떨어진다는 것을 알아 둘 것).

## 3. 빠른 변화가 얼마나 빨리 일어났는가?

깃털과 동전은 진공에서 같은 가속도로 떨어진다.

낙하물체의 운동을 분석하는 데 일어나는 대부분의 혼동은 "얼마나 빠르게"와 "얼마나 멀리"를 혼동하는 데서 비롯된다. 물체가 얼마나 빠르게 떨어지는가는, $v=gt$로 표시되는 속력이나 속도로 정해진다. 한편 물체가 얼마나 멀리 떨어지는가는 $d=\frac{1}{2}gt^2$으로 표시되는 거리로 정해진다. 속력 또는 속도(얼마나 빠르게)와 거리(얼마나 멀리)는 완전히 다른 뜻이다.

이 문제에서 가장 어렵게 마주치는 것과 가장 혼돈 되는 것은 '얼마나 빨리' 와 '얼마나 빠르게 변화하는가' 인데 이것이 바로 가속도이다. 가속도를 복잡하게 만드는 것은 변화율(속도)의 변화율이기 때문이다. 때때로 변화율(거리의 시간 변화율)인 속도와 혼동하게 된다. 가속도는 속도가 아니며 더욱이 속도의 변화도 아니다. 가속도는 속도 자체의 시간 변화율이다. 그러나 이 문제는 고학년에 올라가면 다시 자세히 배울 것이다.

## 4. 진자의 등시성을 발견

갈릴레오가 피사 대사원에서 기도를 올리고 있을 때였다. 그는 어제의 피로가 다 풀리지 않아 머리가 멍한 상태였다. 아직 학생인 그는 어제도 많은 과제물과, 친구들과의 운동 경기로 몹시 피로하였지만 이를 참고 미사에 참석한 것이다. 그 때가 갈릴레오가 19세 되던 때이며, 서기 1583년이었다. 천정에는 명장 포센디가 만든 아름다운 램프가 걸려 있었다. 램프는 방호 사원지기가 불을 켜고 마악 손을 뗀 다음이어서 앞뒤로 천천히 흔들리고 있었다. 처음에는 이 진동이 꽤 컸었는데 점점 작아지면서 나중에는 멈춰버리고 말았다.

이후 갈릴레오는 이 같은 램프나 천정에 매달린 이런 모습의 추를 보았으나 움직임은 같았다. 그 진동은 일정하였으며 램프의 진동이 크거나 작거나 같다는 것을 알았다. 그리고 또 램프가 1회 움직이는 시간과 자신의 맥박이 뛰는 시간이 일치하는 것도 발견하였다. 여기서 그는 사람의 맥박을 재는 '맥박계'를 발명하였으며, 이 진자를 이용하여 시계를 만들

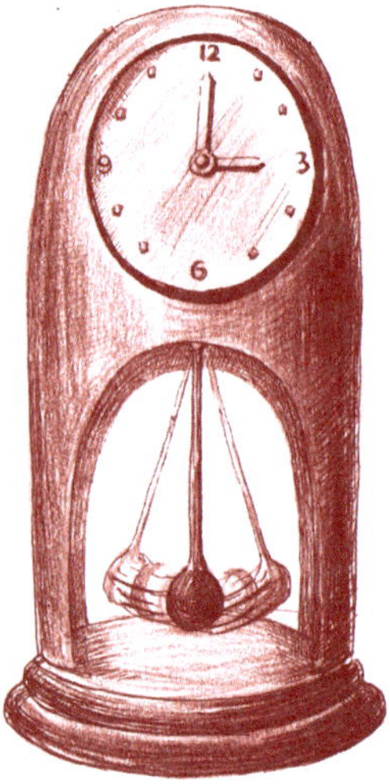

겠다는 생각을 했다. 그러나 그 때는 이미 갈릴레오는 장님이 되었기 때문에 이를 그의 아들 빈젠지오가 거들게 되었다. 빈젠지오는 기술이 대단히 좋은 기계공으로 아버지인 갈릴레오의 지시에 따라 설계도도 그리고 뒤이어 모형을 만들었다고 전해진다. 그러나 갈릴레오는 병을 얻어서 그 길로 회복이 되지 않았기 때문에 진자시계에 관한 그의 연구는 성공을 거두지 못하였다.

이후 한 기록에는 갈릴레오의 아들이 1649년에 발레스토리라는 대장장이의 도움으로 실제 진자를 만들었다는 증거도 있다. 그러나 그의 아들 빈젠지오는 얼마 안 가서 죽었다. 그리고 몇 해 뒤(1673년)에는 네덜란드의 대과학자 호이헌스(1629~1695)는 1658년에 설계한 진자 시계를 기술한 저서를 출판하였다.

## 한걸음 더 나아가기

### ● 진자 운동과 운동 에너지의 전환

다음 그림과 같이 길이가 약 1m인 가는 실의 한쪽 끝에 추를 매달고 다른 한쪽 끝을 천정에 매단다. 그림의 (가)와 같이 추를 끝으로 끌어 올려 높이가 약 30㎝인 시점 A에서 가만히 놓아보니 추는 A와 같은 높이인 C점까지 올라오는 것을 발견하게 된다. 또 A점의 높이를 30㎝에서 20㎝, 10㎝로 바꿨더니 C점의 위치도 20㎝, 10㎝로 바뀌는 것을 알 수 있다. 이는 무엇을 뜻하는가? 즉 A점과 C점에서 추의 위치 에너지는 같음을 확인할 수 있다.

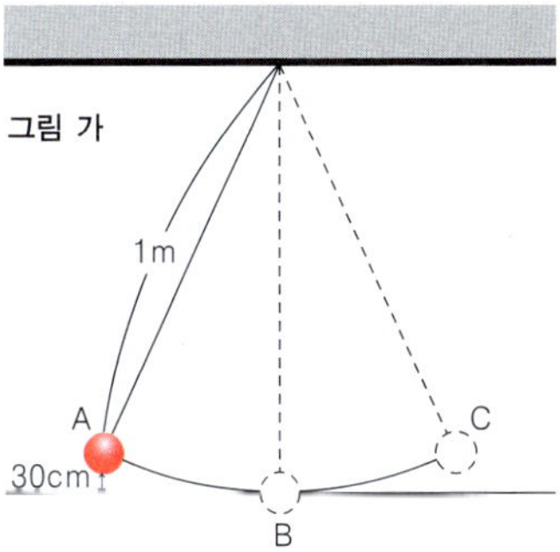


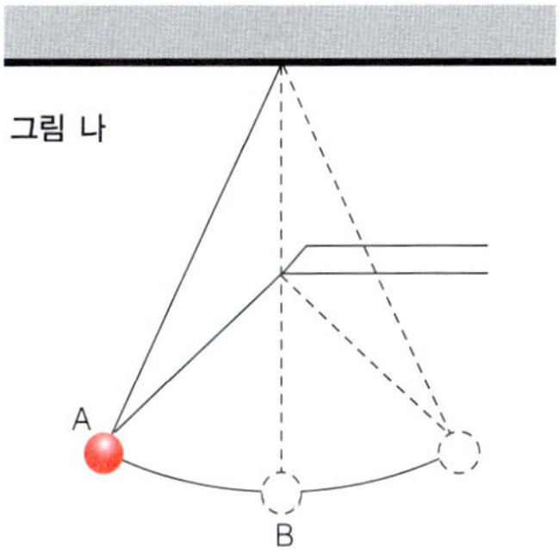


이 때 B점(그림 나)을 기준으로 하면 추의 위치 에너지는 B점에서는 0이고, A와 C점에서 최대가 된다. 또 추의 속력은 A와 C점에서는 0이고,

B점에서 가장 빠르므로 운동 에너지는 A와 C점에서는 0이고 B점에서 최대가 된다. 따라서 A점에서의 위치 에너지가 B점에서의 운동 에너지로 전환되고, 다시 C점에서 위치 에너지도 전환됨을 알 수 있다. 즉, 추의 위치 에너지가 감소하거나 증가한 양은 운동 에너지가 증가하거나 감소한 양과 같다. 따라서 위치 에너지와 운동 에너지는 서로 전환되어도 그 총량은 항상 일정하다.

**위치 에너지＋운동 에너지 ＝ 일정(에너지 보존의 법칙)**

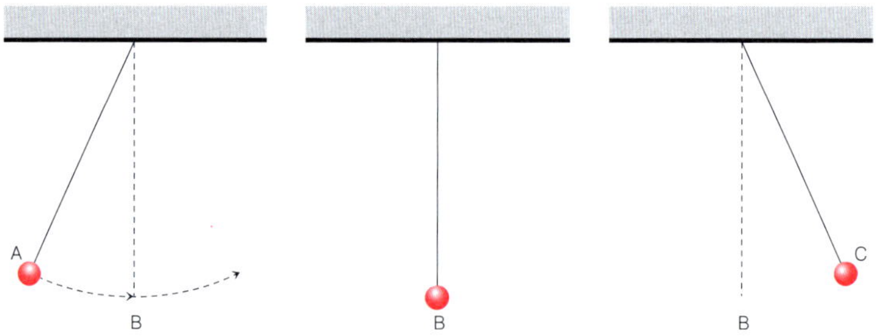


- 위치 에너지 최대
- 운동 에너지 0
- A에서 B를 향해 움직일 때 위치 에너지에서 운동 에너지로 전환

- 위치 에너지 0
- 운동 에너지 최대

- 위치 에너지 최대
- 운동 에너지 0
- C점에 도달했을 때 운동 에너지가 위치 에너지로 전환

## 에너지 보존의 법칙

자연계에서 어떠한 현상이 일어나더라도 에너지의 총량은 언제나 일정하게 보존된다는 법칙. 자연계에서는 언제나 많은 종류의 물리적 · 화학적 · 생물학적 변화와 반응이 끊임없이 일어나고 있다. 그러나 각 과정에서 에너지를 살펴 보면 에너지의 총량은 변하지 않는다.

예를 들어 높은 곳에서 물건을 떨어뜨리면 떨어짐에 따라 속도가 빨라진다. 이때 떨어짐에 따라 물체의 '위치 에너지'는 작아지지만 '운동 에너지'는 커진다. 공기의 저항이 없을 때는 지면에 떨어지기까지 위치에너지의 감소는 운동 에너지의 증가와 같아진다. 에너지의 형태는 변하지만 에너지의 총량, 즉 위치 에너지와 운동 에너지의 합은 변하지 않는다. 이것을 역학적 '에너지 보존 법칙'이라고 한다. 실제로는 공기의 저항이 있기 때문에 역학적 에너지는 감소하지만 이때 공기와 물체와의 마찰에 의해 양쪽 다 온도가 조금 올라간다.

또한 물체가 지면과 떨어져 그 운동이 멈추면 역학적 에너지는 0이 되지만 이때도 물체와 지면과의 충돌에 의해 양쪽의 온도가 높아진다. 열은 에너지의 일종이므로 이 변화를 에너지적으로 보면 물체의 역학적 에너지와 물체 · 공기 · 지면의 열 에너지와의 총합은 변하지 않는다. 물체의 열 에너지는 물체를 구성하고 있는 분자의 운동 에너지이므로 역학적 에너지와 열 에너지 사이의 변환은 분자의 운동이라는 입장에서 생각하면 역학적 에너지의 이동에 지나지 않는다. 화학적 변화, 전자기적 변화, 원자핵 변화 등이 포함된 현상인 경우에는 화학적 에너지, 전자기적 에너지, 원자력 에너지 등도 포함하여 에너지의 총량을 구하면 언제나 일정하게 보존되어 있음을 알 수 있다.

## 5. 갈릴레오와 망원경

갈릴레오가 살던 시대에 네덜란드에서는 우연한 기회이든 아니든 망원경에 대한 관심이 높아졌던 모양이다. 네덜란드에서의 망원경에 대한 이야기 몇 개가 있다.

하나는 한스 리퍼세이(?~1619)라는 사람이 네덜란드의 한 도시에서 안경점을 경영하고 있었다. 어느 날 그의 아들이 작업장에서 안경 두 개를 가지고 놀고 있었는데 마침 한 렌즈를 다른 렌즈로부터 약간 떼어서 두 개를 일직선상에 놓고 들여다보았다. 그렇게 놓고 보니 때마침 교회의 탑 꼭대기에 앉아 있는 참새가 거꾸로 보이기는 하나 무척 크게 보이는 것을 발견하고 이를 아버지에게 알렸다.

"아버지, 이것 좀 보세요. 글쎄 참새가 이렇게 커졌어요."

아들의 수선에 뛰어나온 아버지는 아들이 하라는 대로 안경알 두 개를 나란히 겹쳐 놓고 교회의 탑 위를 바라보았다. 그랬더니 아들의 말처럼 무척 큰 참새가 거꾸로 앉아 있지 않는가. 이후 아버지는 두 개의 렌즈를 가지고 여러 가지로 궁리를 하여 보았다. 또 렌즈와 렌즈의 거리를 손으로 조정을 하며 물체가 가장 크게 보이는 지점이 어디인가를 표를 하였다가 이를 고정시켰다. 이렇게 하여 어설프지만 세계 최초의 망원경이 만들어졌다고 한다.

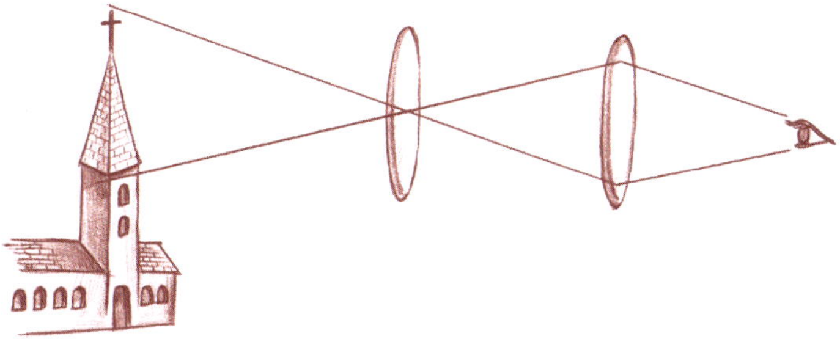

또 한 이야기는 얀스 메티우스라는 역시 네덜란드 사람이다. 그 역시 심심풀이로 렌즈 놀이를 하다가 볼록 렌즈와 오목 렌즈를 일직선상 위에 겹쳐 보니 물체가 크게 확대되어 보이면서 상도 제대로 보이는 것을 발견하고 망원경 발전의 길을 터 놓았다고 한다.

그러나 이보다 먼저 네덜란드 인센이라는 안경점을 운영하던 사람이 이 망원경을 만들어 가지고 모리스를 찾아갔다. 그는 네덜란드(연합주)의 지배자로서 프랑스와 전쟁 중에 있었다. 모리스는 뛰어난 장군으로 곧 이 기구가 군사작전에 쓸모 있을 것을 알아차리고 얀센에게 이 발명을 비밀에 붙이도록 명령했다. 그러나 그런 비밀이 오랫동안 묻혀 있을 리 없다는 것은 뻔한 이치이다. 이렇게 하여 갈릴레오가 망원경을 만든 배경은 충분히 마련되었던 셈이었다. 갈릴레오 자신도 다음과 같이 그의 책에 적었다.

열달 쯤 전에 어떤 네덜란드 사람이 망원경을 만들었다는 보고가 나에게 들어왔다. 그것을 사용하면 물체는 관측자로부터 멀리 있어도 마치 가까이 있는 것같이 보인다고 했다. 이 대단한 성능을 증언하는 보고도 있었지만 이것을 믿는 사람이 있는가 하면 안 믿는 사람도 있었다. 며칠 후 나는 프랑스 귀족 자끄 바도베르(Jacques Badovere, 16세기말 이탈리아에서 공부했고 갈릴레오의 제자였다고 전해진다)가 파리에서 보낸 편지를 받았는데 그 안에서 이것이 확인되었다. 그것을 보고 나는 결국 이렇게 결심했다. — 먼저 망원경의 원리를 탐구하고 다음에는 이와 같은 기구를 발명할 수 있는 수단을 고찰하는 데 몰두해야겠다고. 얼마 안 가서 구조의 이론을 깊이 연구하는데 성공했다. 나는 먼저 대롱으로 통을 만들어 그 양쪽 끝에 렌즈 두 개를 끼웠다. 렌즈는 어느 쪽이나 한 면이 평면, 다른 면의 하나는 볼록한 구면 또 하나는 오목한 구면으로 만들었다. 이렇게 만들어서 렌즈에 눈을 대어 보았더니, 물체가 만족할 만큼 크고 가깝게 보였다. 즉 물체가 눈으로 볼 때와 비교해서 거리는 $\frac{1}{3}$로 가깝고 크기(넓이)는 9배로 보였기 때문이다. 나는 이어 또 하나의 망원경을 만들었는데 이것은 더욱 정교해서 물체를 60배 이상으로 확대시켜 볼 수 있었다. 나중에 가서는 노력과 비용을 아끼지 않고 썼기 때문에 나는 매우 훌륭한 망원경을 만드는 데 성공하였다. 이것을 통해서 물체를 눈으로 볼 때와 비교해서 약 1,000배로 확대되고 30배 이상 가깝게 보였다.

또 다른 기록에는 다음과 같이 기록되었다.

내가 망원경을 발명했다는 소문이 베네찌아에 전해지자 나는 총독과 그 부인 앞에 초대되어 그것을 보여 주었다. 원로원 의원들도 모두 깜짝 놀랐다. 많은 귀족이나 원로원 의원들은 고령인데도 불구하고 베네찌아에서 가장 높은 교회의 탑 계단을 올라가서 나의 망원경이 없었으면 두 시간이나 기다리지 않고서는 볼 수 없었던 멀리서 들어오는 돛배를 보았다. 그 이유는 나의 망원경의 효과로 물체는 실제보다 10배나 가까이 있는 것처럼 보였기 때문이다.

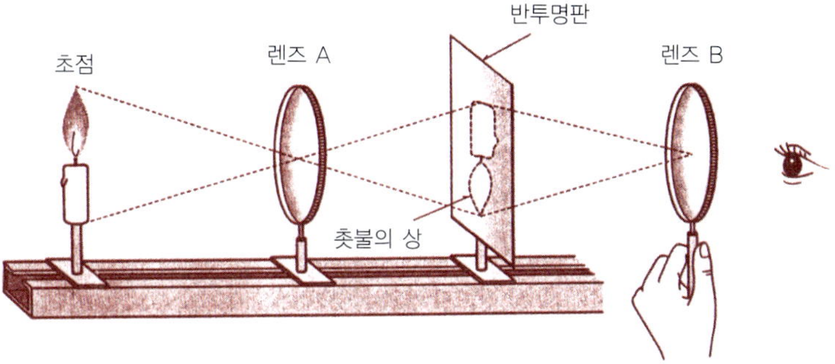


**망원경의 원리**

뒤에 갈릴레오는 이 새로 만든 망원경 하나와, 그 구조와 육지와 해상에서의 용도를 설명한 문서를 베네찌아 총독과 원로원에 바쳤다. 이 고귀한 발명들의 대가로 공화국은 1609년 8월 25일 피도바 대학교수인 그의 봉급을 3배 이상 올려 주었다고 한다.

갈릴레오가 이상한 물건을 발명했다는 소문은 곧 많은 사람에게 알려졌고, 그들은 갈릴레오의 집앞에 모여들어 갈릴레오가 발명한 물건을 보

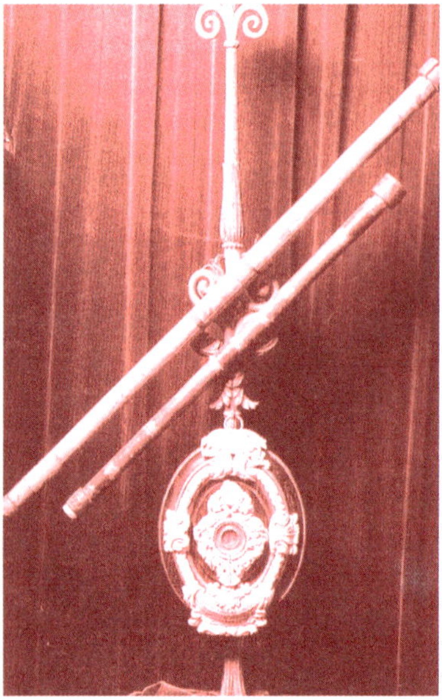
갈릴레오식 망원경

여줄 것을 요청하였다. 갈릴레오는 기꺼이 그들의 요구에 응했으며, 그 후 갈릴레오는 그 망원경으로 달을 관찰하여 달 표면을 처음 관찰한 지구 최초의 사람이 되었다. 또 달 외에도 다른 별들을 관찰하였으며, 그리하여 은하수는 '수 많은 별들로 이루어진 것' 이란 것도 알게 되었다. 또 무엇보다 중요한 것은 '목성' 과 목성의 위성인 '달' 을 발견하였다. 이러한 우주에 대한 관찰은 마침내 코페르니쿠스의 주장을 지지하게 되었다.

그리고 갈릴레오는 자신이 발명한 망원경이 처음 누가 만들었으며, 자신은 그를 개조한 것임도 분명히 밝히고, 이 설명이 후대에 천체를 연구하려는 사람에게 도움이 되기를 기대하였으며, 그 기대는 현실로 이루어졌다.

그는 망원경으로 작은 물체도 관찰하였으나 그것은 적합하지가 않아 많은 관찰이 잘못된 것으로 드러났다.

파리를 보았더니 양만한 크기로 보였고 전신이 털로 싸여 있고 매우 뾰족한 털끝을 갖고 있다는 것을 알았다. 파리는 이 털끝을 유리에 있는 작은 구멍에 박아서 거꾸로 붙어 있을 수 있고 또 걸을 수도 있다.

여기서 파리가 유리 위로 어떻게 걸었느냐에 대한 그의 결론은 틀린 것이며, 그러나 망원경의 발명이 곧 이어 현미경의 발명으로 이어지게 되었으나 이를 과학에 이용하는 것은 좀더 시간이 흐른 뒤에서였다.

## 6. 종교 재판

고대인들은 지구가 천체의 중심이며 태양이 지구를 중심으로 돌고 있다고 믿었으며 이는 종교와 철학적으로 확고한 사상이 되었다. 그러나 이 우주관은 코페르니쿠스에 의해 부정되었으나 그는 종교 재판이 두려워 우회적으로 주장하였을 뿐이며, 그 '천구의 회전에 관하여'는 그의 임종 직전에 출판(1543년 봄, 그의 임종 4주일 전에 출판된 것으로 알려짐)되었다.

그러나 갈릴레오는 그가 만든 망원경으로 다음과 같은 사실을 발견하였다. ① 행성은 놀랄 만큼 많이 존재하며 ② 행성은 크기가 다르지만 스스로는 빛은 내지 않는다. ③ 태양에는 흑점이 있으며 그것은 생성 소멸한다. ④ 달 표면이 울퉁불퉁하다. ⑤ 목성에 위성이 존재한다. ⑥ 금성에는 그림자가 있다.

그의 이런 주장은 열광적인 지지와 격한 분노를 동시에 자아냈다. 당시 로마의 수학자인 크라비우스(1537~1612)는 다음과 같이 갈릴레오의 주장을 비꼬았다.

"나는 목성 주위에 위성이 있다는 사실에 대해서 처음부터 웃음을 참을 수 없었다. 그것은 망원경이라는 기계가 만들어낸 환상이다."

## ● 천체에 관한 대화와 종교 재판

당시의 교황 우르바누스 8세는 갈릴레오에게 우호적이었으므로 코페르니쿠스의 지동설을 어디까지 가설을 전제로 할 것을 조건으로 ≪천체에 관한 대화≫(세계의 2대 체계에 대한 대화)의 출판을 허가하였다. 이 책은 대화 형식으로 되어 있다. 등장인물은 세 사람으로 아리스토텔레스와 프톨레마이오스를 옹호하는 심플리치오(Simplicio), 갈릴레오의 대변자 살비아티(Salviati), 그리고 중립을 표방하나 사실은 살비아티의 편을 드는 사그레도(Sagreda)이다. 대화 장소는 사그레도의 별장이다. 또한 누구나 읽을 수 있도록 라틴어가 아닌 이탈리아어로 썼다. 4일간의 회합에서 프톨레마이오스와 코페르니쿠스의 체계에 관해서 논하면서, 각기 철학적, 자연학적 근거를 제시하였다. 첫째날에는 아리스토텔레스식의 천체론, 철학 일반에 관한 논리의 부족함을 지적하고 자연에 있어서 권위의 무효성을 논의하

≪천체에 관한 대화≫의 표지 그림

였고, 둘째날에는 지상에서 경험되는 여러 현상과 지동설의 가능성을 논하였고, 셋째날에는 신성의 출현, 목성의 위성과 공전, 금성의 참과 기움 등 풍부한 현상을 열거 지동설의 우월성을 설명하였다. 그리고 넷째날에는 조석현상을 가지고 지구운동의 증거로서 지동설의 필연성을 설명하였다.

이런 갈릴레오의 주장은 완강한 저항을 가져왔다. 그것은 당시의 철학적으로도 맞지 않으며 신학상의 진리에 대해서도 합당하다고 볼 수 없기 때문이다. 갈릴레오는 1616년 3월 26일 종교재판소에 출두하여 재판소의 명령에 복종하고 코페르니쿠스 설을 공공연히 지지하지 않겠다고 서약을 한 바 있었다.

때문에 이러한 갈릴레오의 주장에 대해 교황청은 분노하여 종교 재판을 열기로 하였다.

## ● 종교 재판

갈릴레오를 종교 재판에 회부한 근거로는 코페르니쿠스의 체계를 가설로 다루지 않았으며, 조석(바다의 조금과 사리)을 지구의 운동 탓으로 돌렸으며, 1616년의 교황령을 무시했기 때문이라는 것이다.

이때 그는 이미 70세의 병든 몸으로 재판을 받기 위하여 여행하는 것이 무리라고 항변했지만 당국은 그의 출두를 강요했다. 다만 갈릴레오가 로마에 도착했을 때 피의자는 투옥되는 것이 관례였지만 그의 친구 집에 머물 수 있는 특례를 받았다. 갈릴레오의 첫 번째 심문에서는 그가 이 책을 〈선의〉에서 썼다고 항변한 것 외에는 거의 아무 일도 없었다. 그러나 2회 심문에서는 그가 쓴 것을 부인하지 않는 한 1단계의 고문에 처할 것이라는 위협을 받은 것 같다. 그는 자기의 생각이 틀렸음을 선서하고 고백했다. 재판은 1633년 4월 12일부터 6월 22일까지 계속되었다. 로마의 싼타 마리아 소프라 미네르바 수도원에서는 다음과 같은 판결문이 낭독되었다.

> 그대 갈릴레오는 많은 사람들에게 가르쳐진 그릇된 교의를 정당하다고 한 죄로, 또 성서에서 나온 반대설에 대해서 성서를 자기 자신의 생각에 따라 해석하여 답한 죄로 1615년 종교재판소에 고발됐다. 이에 종교재판소는 다음과 같이 포고한다.
> 첫째 태양이 세계의 중심에 있어 움직이지 않는다는 명제는 불합리하며 철학적으로 틀렸고 성서에 명백히 위배되므로 형식상으로 이단이다.
> 둘째 지구가 세계의 중심이 아니고 부동이 아니며 운동한다고 한 명제도 불합리하고 철학적으로 잘못이며 신학적으로는 적어도 신앙으로서 틀렸다고 간주된다.
>
> (중 략)
>
> 그러므로 그대는 장차 그것을 말로든 문서로든 어떤 방법으로도 변호하거나

가르치지 않을 것을 명령받았고 그대가 복종을 약속하였으므로 방면되었다.

이는 1616년에 있었던 종교 재판에서의 갈릴레오의 서약을 상기시킨 것이다. 판결문은 계속되었다.

이것은 참으로 중대한 과오이다. 왜냐하면 어떤 견해라도 성서에 위배된다고 선고되고 결정된 이상 어떤 방법이든 시인될 수 없기 때문이다. 그러므로 그대의 주장의 정당성 여부와 그대의 고백과 변명 그밖에 고려할 만한 모든 것을 두루 검토하고 신중히 고려한 끝에 우리는 그대에 대하여 다음 최종 판결에 도달했다.

우리는 그대 갈릴레오가 이 종교재판소에서 이단의 혐의를 받기에 이르렀다고 진술했다고 판단해서 선고한다. 즉 그대는 과오를 범했으며 성서에 위배되는 교의를 그것이 성서에 위배된다고 선고되고 결정된 뒤에도 계속해서 믿고 지지해 왔다. 그 결과 그대는 위반자에게 가해지는 성스러운 법규로서 공포되어 온 비난과 형벌을 받아야 한다. 그러나 그대가 참된 마음과 성실한 신앙을 가지고 우리들 앞에서 앞의

법정에서 선서하는 갈릴레오

과오와 이단 및 로마 가톨릭과 법왕의 교회에 위배되는 모든 과오와 이단을 지금부터 그대에게 주어진 대로 공공연히 포기하고 저주하고 혐오한다는 조건으로 그대를 그 비난과 형벌에서 사면해 주는 것을 즐거움으로 삼는 바이다. 더욱 우리는 갈릴레오 갈릴레이의 저서가 공공의 포고에 의하여 금지될 것을 선고한다.

(이하 생략)

이 선고가 끝난 다음 갈릴레오를 꿇어앉게 하여 다음 서약을 시켰다.

나 갈릴레오, 고 빈젠지오 갈릴레이의 아들 피렌체, 당 70세는 재판소에 나와 추기경님 및 이단의 부패에 대항하는 전세계의 그리스도교국의 종교재판장님 앞에 꿇어 엎드려 앞의 복음성서에 내 손을 얹으면서 성가톨릭과 법왕의 로마교회가 지지하고 설교해온 모든 것을 나는 언제나 믿어 왔으며 현재도 믿고 있으며 신의 도움으로 장차에도 믿을 것을 서약합니다.

(중략)

그러므로 여러분들 및 모든 가톨릭교도의 마음으로 나에 대하여 품은 격렬한 혐의를 벗기를 절망하기에 나는 진심과 성실한 신앙으로 위의 과오와 이단 및 일반적으로 신성한 교회에 위배되는 다른 모든 과오와 이단행위를 포기하고 저주하고 혐오합니다. 나는 앞으로 그런 혐의를 불러 일으키는 것은 무엇이나 말로든 문서로든 다시는 결코 주장하지 않으며 만약 이단자 또는 이단의 혐의를 받는 사람을 한 사람이라도 알게 되면 그 사람을 이 종교재판소

또는 내가 사는 곳의 종교재판관이나 사교에게 알릴 것을 서약합니다.

그러나 만약 내가— 그런 일은 결코 없겠습니다만 —자기 말로써 한 약속이나 서약에 위배되는 행위를 할 때에는 나는 그런 위반자에게 내려지는 성스러운 법규나 다른 일반적인 또는 특수한 법률로 규정하고 공포된 모든 형벌을 달게 받겠습니다. 신이여, 내가 손을 얹고 있는 성복음서여, 나를 구하소서. 나 갈릴레오 갈릴레이는 이상과 같이 선서하고 약속합니다.

이것의 증거로서 나는 이 선서의 문서 한 구절 한 구절을 되새겨 외우고 나서 나 자신의 손으로 서명했습니다.

1633년 6월 22일

로마 미네르바 수도원

갈릴레오가 죽은 것은 1642년 1월 8일이었다. 교황은 기념비를 엄금하고 종교재판소는 공적인 장례를 허락하지 않았다. 갈릴레오의 비문이 쓰여진 것은 40년 후이고, 그의 유골을 묘소로 옮기고 업적에 대한 화려한 묘비가 세워진 것은 1백 년 후의 일이다. 1757년에 교황청은 갈릴레오에 대한 유죄선고를 비밀리에 취소하였다. 그의 저서가 금서목록에서 해제된 것은 1835년이다. 그리고 갈릴레오가 교황청으로부터 명예회복된 것은 1991년 11월 10일, 비 이탈리아인 교황인 요한 바오로 2세가 “갈릴레오의 위대성은 아인슈타인과 마찬가지로 모든 사람에게 잘 알려져 있다. 그러나 갈릴레오가 교회와 성직자들에게 커다란 박해를 받았음은 우리는 숨길 수 없다"고 선언하고 그에게 가해진 불명예를 벗겨냈다.

갈릴레오가 후대에까지 준 위대한 영향은 지금까지 살펴본 과학적 발견만이 아니라 그의 연구방법에서도 큰 영향을 끼쳤다. 그는 철저하게 경험과 실험을 중요시하였으며, 또 가설을 설정하고 수학적 엄밀성으로 하나하나 과학적 사실을 밝혀 나가는 자연과학 연구 방법은, 이후 과학의 발전에 큰 공을 한 것으로 알려졌다.

끝으로 그가 종교재판소에서 말했다고 알려진 "그래도 지구는 돈다"는 말은 종교재판소의 분위기로 봐서 감히 말하지 않았을 것으로 많은 사람이 짐작하고 있으며, 재판을 마치고 친구들에게 의지하며 돌아올 때는 그런 말은 했을 수 있다고 보고 있다.

# 진공인가 공기가 있는 것인가

– 토리첼리와 파스칼 –

1. 토리첼리의 기압계
2. 산정에서 대기압을 측정한 파스칼
3. 공기의 압력과 말 여덟 마리의 힘의 대결

3

## 1. 토리첼리의 기압계

갈릴레오는 물체의 낙하 실험을 했을 때, 아리스토텔레스가 주장해 온 '물체가 떨어지는 속도는 물체의 무게에 비례한다' 는 사실을 부정하면서도 꾸준히 그를 괴롭히는 것이 있었다. 그것은 쇠공과 새의 깃털을 같은 높이에서 떨어뜨릴 때 낙하 속도가 다른 것이었다. 그러나 이를 진공의 실험관 속에서 실험을 할 때는 낙하 속도가 같았다. 어찌된 일인가? 실험관 밖에서 왜 쇠공은 빨리 떨어지고 새의 깃털은 천천히 떨어지는가?

갈릴레오는 그것은 공기 중에 눈에는 보이지 않지만 낙하를 방해하는 물질이 있다고 생각했다. 때문에 낙하의 방해를 덜 받는 쇠공은 빨리 떨어지고 새의 깃털은 천천히 떨어지는 것이다.

1640년 토스카나 대공이 궁전 뜰에 우물을 파기로 했다. 일꾼들은 보통 우물보나 훨씬 깊게 팠다. 그것은 궁전의 다른 우물의 깊이로 파서는 물이 시원하게 나오지 않았기 때문이다. 그리하여 일꾼들은 우물을 40피트(약 12.2m)의 깊이까지 파고 펌프를 박아서 관의 끝이 지하수에 잠

실험관 밖에서는 쇠공이 빨리 떨어지고
깃털은 천천히 떨어진다.

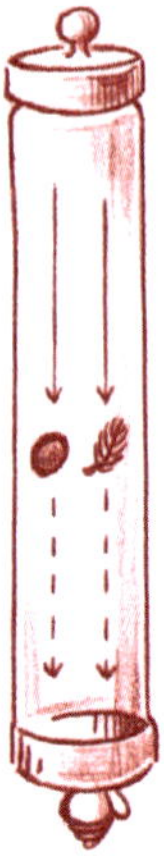

진공의 실험관 안에서는
쇠공과 깃털이 동시에 떨어진다.

기도록 했다. 공사를 모두 마친 일꾼들은 펌프로 물을 퍼 보았다. 그러나 물이 콸콸 쏟아지리라 예상했던 펌프에서는 물이 한 방울도 나오지 않았다. 그들은 아무리 생각해 보고 시설을 다시 점검해 보아도 이상은 없었고, 그 원인을 알 수가 없었다. 이 사실은 대공의 귀에 들어갔다.

당시 대공과 같은 부호들은 대개 유명한 과학자나 철학자의 후원자로서 그들이 학문과 과학 연구에 몰두할 수 있도록 경제적인 지원을 충분히 해주고 있었다. 갈릴레오 역시 토스카나 대공의 지원을 받고 과학의 연구에 몰두하면서 후대 양성에 힘썼다. 대공은 갈릴레오를 불러 이 사실에 대해 물었다. 그 때에는 아리스토텔레스의 이론에 의해 '자연은 진공을 싫어하므로, 공기가 없는 공간은 있을 수 없다' 고 믿고 있었다.

그러나 갈릴레오는 그의 이러한 이론에도 반대해 왔었다. 그리하여 여러 가지로 진공 상태를 실험하고 있었다. 그는 두 장의 잘 간 유리 평판을 합치면 서로 딱 달라붙어 옆으로 어긋나게 하지 않고서는 떼어낼 수가 없다는 실험을 하면서 더욱 공기 중에 무게를 가진 어떤 물건이 있다고 믿고 있었다. 이런 생각에 골몰해 있던 갈릴레오에게 대공의 이런 질문은 그에게 새로운 실험을 할 수 있는 기회가 된 것이다.

유리 두 장을 포개 놓고 떼어보니 떨어지지 않는다.

'그것은 공기의 무게로 물이 일정한 높이 (당시 10.3m의 깊이에 박은 펌프는 물을 끌어올릴 수 있었음) 이상은 올라오지 못하는 것일지 모른다.'

갈릴레오는 잠정적으로 그렇게 결론을 내렸다. 그러나 그는 그런 의문을 해결하기 위한 여러 가지 실험을 하기에는 이미 너무 늙어 있었다. 그리하여 이 문제를 함께 의논하던 문하생이며 조수이기도 한 '에반젤리스타 토리첼리' 에게 이를 연구하여 대공께 올리라고 전할 수 밖에 없었다. 토리첼리는 당시 33세의 훌륭한 수학자이자 물리학자로 명성이 나 있었다. 토리첼리는 갈릴레오의 2명의 수제자 밑에서 14년간이나 일했고 그들의 추천에 의해서 그 스승 갈릴레오의 새로운 과학 논문의 집필을 돕게 되었다. 그러나 토리첼리가 피렌체 교외의 갈릴레오의 집에 도착한지 불과 3개월 후에는, 이 유망한 과학의 공동작업은 77세의 갈릴레오의 죽음에 의해서 중단되었다. 토리첼리가 갈릴레오의 집을 떠나려고 준비하고 있을 때, 토스카나 대공 '페르디난트' 2세는 궁정 소속의 수학자 겸 철학자로서 갈릴레오의 뒤를 잇도록 그에게 명했다.

토리첼리는 10.3m의 물기둥의 문제를 곰곰히 생각했다. 우선 연구에 필요한 그 긴 펌프가 문제였다. 이 문제를 다른 방법으로 대체하지 않는 한은 그의 연구가 순조롭게 진행되기 어려움을 알았다. 그리하여 토리첼리는 다음과 같은 생각에 머물게 되었다.

"액체의 기둥 높이는 그 액체의 무게에 반비례 할 것이다."

이 말은 물보다 두 배 무거운 액체를 사용한다면 펌프 대용으로 사용할 관은 그 반의 길이로 줄일 수 있으며, 만약 물보다 10배의 무거운 액체를 사용한다면 그 길이의 1/10의 길이로 가능할 것이다. 이러한 생각에 이르자 토리첼리는 바닷물, 벌꿀, 수은 등 물보다 무거운 액체를 가지고 실험해 보았다. 그 때 토리첼리의 실험을 가장 훌륭하게 할 수 있는 액체는 '수은' 임을 알게 되었다. 드디어 1644년 토리첼리는 그의 실험 조수 빈첸초 비비아니에게 수은주(수은은 물보다 14배나 무거운 액체금속임)를 지탱하기에 충분한 길이 1m의 유리관을 만들게 했다. 토리첼리의 지시에 따라 비비아니는 관을 수은으로 채웠다.

손가락으로 관의 주둥이를 막고 관을 거꾸로 하여 수은조 속에 막은 주둥이 부분을 집어 넣었다. 그 다음, 막은 손가락을 떼었다. 수은은 관

**수우을 억누르는 힘**

1664년에 에반젤리스타 토리첼리는 대기의 압력, 즉 공기의 무게를 실험에 의해 나타냈다. 수은을 가득히 넣은 유리관을 거꾸로 하여 그 주둥이를 수은의 주발 속에 꽂았다. 그러면 관 속의 수은의 면은 아주 조금 내려간다. 그것은 용기 속의 수은면을 그 어떤 힘이 내리누르고 있는 증거이다. 그 힘이란 주위 공기의 무게이다.

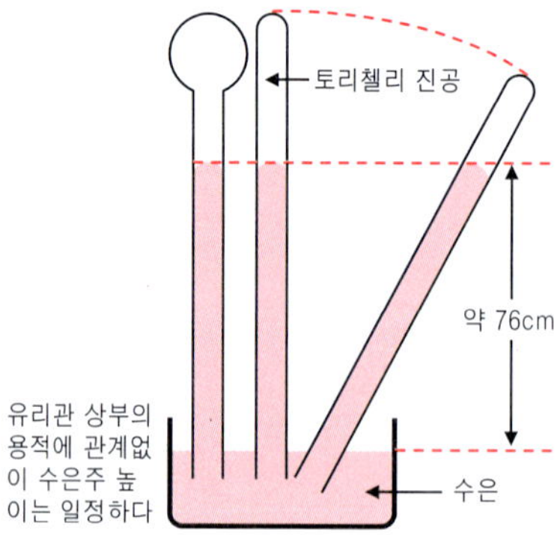


토리첼리의 실험

의 꼭대기 부분을 진공으로 만들면서 약 76cm의 높이가 될 때까지 내려갔다. 그들은 기압계를 발명한 것이다.

토스카나 대공 뜰에 판 우물물이 10.3m 정도 오르고 더 이상 오르지 못하는 것은 공기의 압력 때문에 물이 관을 통해 올라올 수 있는 최대의 높이였던 것이다. 그러나 토리첼리의 위대성은 그 때까지 과학자들 사이에 존재하고 있는 막연한 생각, 공기 중에 어떤 무게를 가진 물체가 있을 것이란 사실을 확인한 것이다. 그는 다음과 같이 결론지었다.

"액체 기둥은 진공에 의해서 끌려올려진 것이 아니라 대기의 무게에 의해 올라간 것이다."

또,

"우리들은 단일한 공기의 바닥 밑바닥에 잠겨 생활하고 있다. 공기의 무게가 있음도 실험에 의해서 논의의 여지가 없음을 알 수 있다."

그러나 토리첼리는 11년 전 교황청이 갈릴레이에게 내린 종교 재판의 결과를 잘 알고 있었다. 그러므로 그때까지 '진공' 이라고 믿었던 철학과 종교계의 주장을 의식하여 이의 발표를 미루어 왔다.

## 2. 산정에서 대기압을 측정한 파스칼

새로운 장치에 흥미를 품은 과학자들 중의 한 사람에 블레이즈 파스칼이 있었다. 그는 16세에 기하학의 주요 정리(定理)를 발견하고 21세도 못 되어서 값이 비싸기는 하지만 유용한 기계식 계산기, 즉 금전등록기를 발명하여 프랑스의 고명한 위인이 되어 있었다.

1648년, 25세의 파스칼은 토리첼리의 명제에 몰두하면서 한 가지 중요한 점을 입증하고자 결심했다. 만약 공기에도 큰 바다와 같이 무게가 있다면, 위의 공기가 아래를 눌러, 그 무게가 아래의 공기에 걸려, 압력을 증가시킬 것이다. 토리첼리의 설이 옳다면, 물의 압력이나 물이 겹쌓인 무게는 수심과 더불어 증가할 것이므로, 기압은 높이와 더불어 감소할 것이다. 이것을 확인하는 방법을 파스칼은 알고 있었다. 그것은 기압계를 산정으로 가지고 가는 것이었다.

여러 가지 이유로, 파스칼 자신은 등산을 할 수 없었다. 그는 허약하고 오랫동안 병을 앓고 있었기 때문에 높은 곳에 올라가는 것을 두려워하고 있었다. 게다가 파리 주변에는 적당한 산이 없었다. 마침 그의 친척 형뻘이 되는 플로랑 페리에라는 정부 관리가 남프랑스의 산악지대인 오베르

페리에는 기압계를 갖고 퓌 드 돔 산에 올라갔다.

뉴 지방에 살고 있었다. 파스칼의 연락을 받은 페리에는 그 실험을 해 보는 데에 동의했다. 파스칼은 기재를 그에게 보냈다. 그래서, 그는 1648년 9월 19일 실험을 했고, 그 결과에 대한 장문의 보고서를 보내왔다. 페리에는 다음과 같이 기록하고 있다.

실험에 입회하여 달라고 부탁하여 내가 사는 클레르몽 시의 목사와 신도를 다수 초대, 동행했다. 일행은 우선 시의 저지대에 있는 미님회 수도원의 정원으로 갔다. 그 곳에서 페리에는 토리첼리식의 방법으로 기압계를 설치했다. 그들은 주의깊게 몇 번이고 수은주의 높이를 쟀다. 꼭 71cm였다. 수도승 중의 '성실하고 신앙심 깊은 남자' 한 사람을 기압계와 함께 정원에 남기고, 수은주의 높이가 변하는지 어떤지 하루 종일 지켜 보아 달라고 부탁했다. 그 다음, 일행은 해발 1,463m의 퓌 드 돔 산의 정상에 이르러 또 한 개의 기압계를 설치했다. 눈금을 읽으니 62.7cm였다. "우리는 놀람과 기쁨으로 어찌할 줄을 몰랐다."라고 페리에는 보고하고 있다. "놀라움이 너무나 컸기 때문에, 만족이 갈 때까지 실험을 되풀이하고 싶었다." 페리에는 기압계를 산정 부근에서 여기저기로 옮겨 다시 5회 측정했으나, 어느 경우에도 같은 수치를 나타냈다. 일행이 의기양양해져 산을 내려오는 도중, 페리에는 또 기압계를 설치해 보니 수치가 증가되어 있음을 발견했다. 수도원의 정원으로 돌아오니, 수은주를 온종일 지켜본 수도사는 이 곳에서는 수치의 변화가 없었다고 보고했다. 주의깊은 페리에는 그가 산으로 갖고 갔다가 가지고 돌아온 기압계를 정원에 설치했다. 읽어보니, 수치는 역시 71cm 였다.

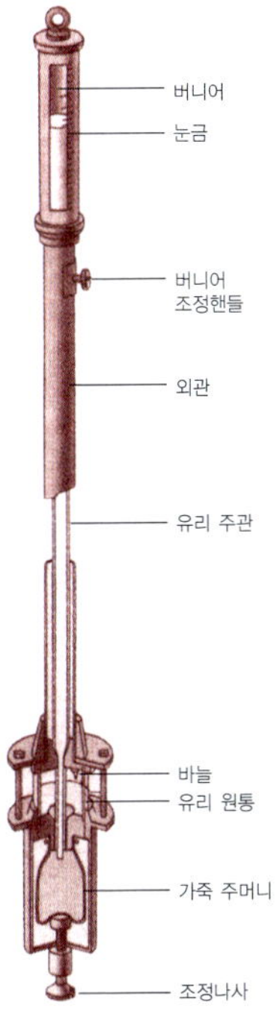

현재의 폴탄형 수은기압계

"이로써 최종적으로 우리들의 실험 결과가 확실함을 실증했다."고 페리에는 보고하고 있다.

그 결과로, 공기는 탄력성 있는 물질로서 그 무게와 압력은 높이와 더불어 감소한다는 파스칼의 신념을 완전히 뒷받침해 줬다. 이 증명은 그에게 '대만족' 을 가져다 주었다고 파스칼은 말하고 있다. 토리첼리와 파스칼에 의해서, 공기에 대하여 상당한 것이 해명되었다.

# 한걸음 더 나아가기

## 파스칼의 원리

파스칼은 수은주를 사용하여 공기의 압력을 측정하는 기압계를 만든 뒤, 다시 이로부터 '파스칼의 원리'를 발견하였다. 파스칼의 원리는 다음과 같다.

> 정지한 유체 내 한 곳에 생긴 압력의 변화는 유체 내의 곳으로
> 모든 방향으로 변함없이 전달된다.

이것은 유체 내의 압력이 지닌 중요한 성질로, 그것은 유체 내부의 한 곳에 생긴 압력의 변화가 다른 곳으로 전달된다는 사실이다. 예를 들어, 가압장에서 수도관의 압력을 10배로 증가시키면(물이 정지된 상태로 있는 한) 이에 연결된 모든 수도관 내의 압력이 10배로 증가하게 되는 현상이다.

아래의 그림 1과 같이 U자 모양의 관속에 물을 넣고 양 끝을 마개로 막아놓자(마개는 U자관에 꼭 맞아서 아래 위로 움직일 때 물이 새지 않는다). 만약 왼쪽 마개의 위에서 압력을 가하면 물을 통해서 오른쪽 마개의 밑바닥으로 압력이 전달될 것이다.

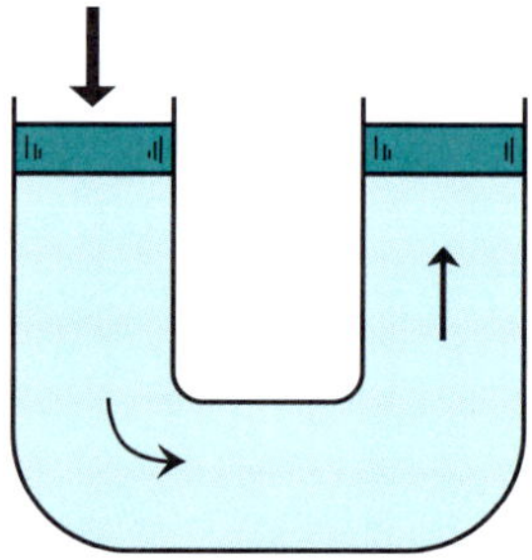

[그림 1] 왼쪽 마개에 압력을 가하면 물을 통해서 오른쪽 마개로 압력이 전달된다.

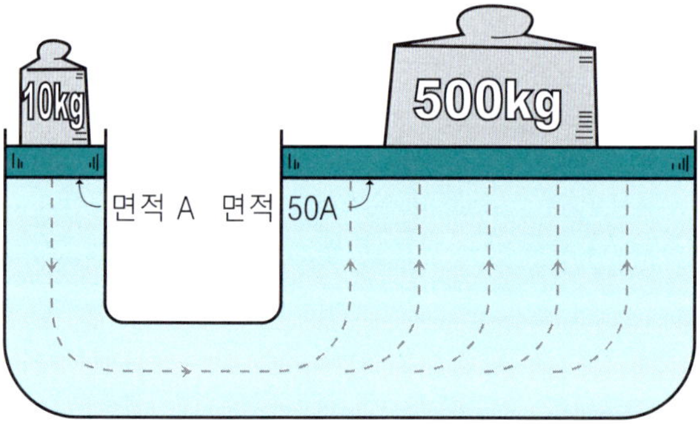


[그림 2] 왼쪽 마개 위에 10kg의 추를 올려 놓으면 오른쪽 마개 위엔 500kg의 추를 놓아도 수평이 유지된다.

[그림 2]에서 왼쪽 마개의 단면적은 1㎠이고 오른쪽 마개의 단면적은 50배인 50㎠이다. 왼쪽 마개 위에 1N의 추를 올려 놓으면 단위면적당 1N/㎡의 압력이 물을 통해서 오른쪽 마개의 밑에 전달될 것이다. 한편 오른쪽 마개의 밑에 전달된 단위면적당 1N/㎡의 압력이 50㎠의 면적에 작용하므로 커다란 오른쪽 마개에 작용하는 힘의 크기는 50N이 된다. 따라서 커다란 마개가 작은 마개보다 50배나 큰 추를 받칠 수 있게 되었다.

이는 에너지 보존 법칙에 따른 것이기도 하다. 그것은 힘의 증가에 따라 움직인 거리가 줄어들기 때문이다.

[그림 3]에서 왼쪽 마개가 밑으로 10㎝ 내려왔다면 오른쪽 마개는 1/50인 0.2㎝만큼만 위로 올라갈 것이다. 결국 힘에 거리를 곱한 일의 결과는 역학에서처럼 같게 된다.

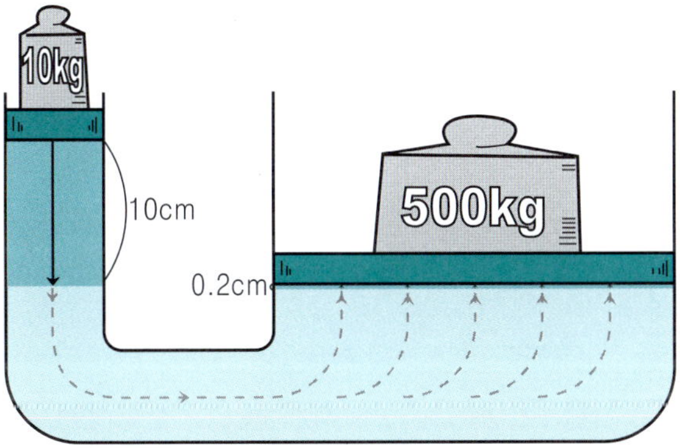


[그림 3]

다시 한번 정리해 보자.

$$10 \times 10(A) = 0.2 \times 500(B)$$

$$100(A) = 100(B)$$

그러므로 가한 '힘'의 양과 힘이 한 '일'과는 같다.

**확인문제 1**

다음은 파스칼의 원리를 이용한 자동차 승강기이다. 그림에서 자동차를 들어 올릴 때, 자동차를 들어 올린 거리에 비해서 기름통 표면의 높이는 얼마나 낮아질까?

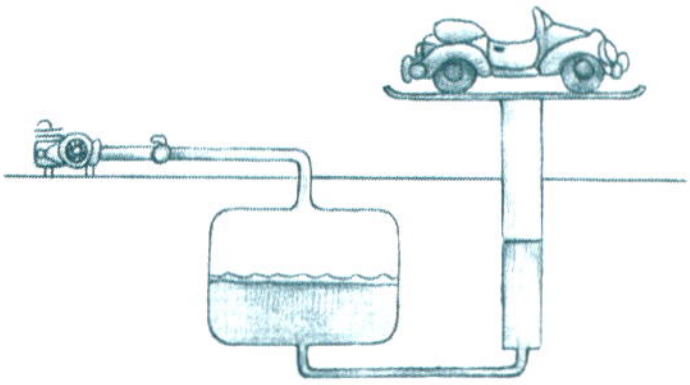

답 피스톤의 단면적이 기름통의 단면적보다 훨씬 작기 때문에 자동차를 들어 올린 거리보다 훨씬 적게 낮아진다.

## 열역학 제1의법칙

수백 년 전에는 열은 더운 곳에서 찬 곳으로 물처럼 흐르는 것으로, 볼 수 없는 열소로 이루어졌다고 생각하였다. 이것이 '에너지 보존 법칙'의 초기의 개념이었다. 그러나 '에너지'에 대한 개념을 폭넓게 생각하기 시작하면서 '열'도 하나의 에너지로 보게 되었으며, 그러므로 열의 이동은 에너지의 이동으로 이해하기 시작하였다. 그러므로 '열역학계'에서의 '에너지 보존 법칙'을 '열역학 제1법칙'이라고 하며 다음과 같이 정의한다.

**계에 열을 가하면 같은 양의 다른 형태의 에너지로 바뀐다.**

여기서 기체란 원자, 분자, 입자 또는 다른 개체로 구성된 무리를 뜻하며 증기기관의 증기, 지구의 대기, 또는 생물의 몸체 등도 '계'로 본다. 단지 '계' 내부의 물체와 외부를 명확히 정의할 수 있으면 열역학계로 볼 수 있다.

증기기관의 증기에 열(열 에너지)을 가하면 이들 계의 '내부에너지'가 증가할 것이다. 이 때 들어온 에너지 때문에 계는 외부에 일을 한 것이다. 예를 들면 주전자 안에 있는 물이 이제 막 기체로 바뀌었다고 하자. 그 기체에 열을 가하면(주전자를 올려 놓은 렌지에 불을 붙이면) 주전자 내의 기체는 에너지가 증가하여 주전자의 뚜껑을 열어 올린다. 이것이 '계'가 외부에 대해 일을 한 것이 된다. 여기서

주전자에 가한 열(열 에너지)의 양
= 주전자 내부에 증가한 에너지의 양
+ 주전자 뚜껑을 들어올린 일(외부에 대한 한 일)

이를 바꿔 쓰면,

가해진 열 = 내부 에너지의 증가 + 계가 외부에 한 일

이 된다. 그러므로 열역학 제1법칙은 '계' 내부의 변화와는 상관이 없다. '계' 전체에 대한 변화만에 대한 법칙이다.

가한 열의 에너지 양과 주전자 내부에 뜨거워진 기체의 온도 상승 양 + 주전자 뚜껑을 들어 올려 에너지가 한 일이 두 에너지의 양과 가열한 에너지의 양과는 같다.

이제 주전자 뚜껑이 있는 주전자 대신에 피스톤이 붙어 있는 공기가 든 깡통을 가열해 보자. 처음에는 피스톤이 움직이지 않으므로 계는 아무런 일도 하지 않은 셈이다. 이 때 가해진 열은 모두 깡통 내 공기의 내부 에너지를 증가시키는데 소모되었다. 더 가열하면 피스톤이 위로 움직일 것이다. 이 때 가열된 공기가 팽창하여 피스톤이 위로 올라간 것이다. 이 때 깡통 내 공기의 온도는 내려가기 시작한다. 이처럼 '계'가 외부에 대해 일을 하게 되면 내부 에너지의 증가는 둔화된다. 열역학 제 1 법칙은 결국 열역학 계에서의 '에너지 보존 법칙'이다.

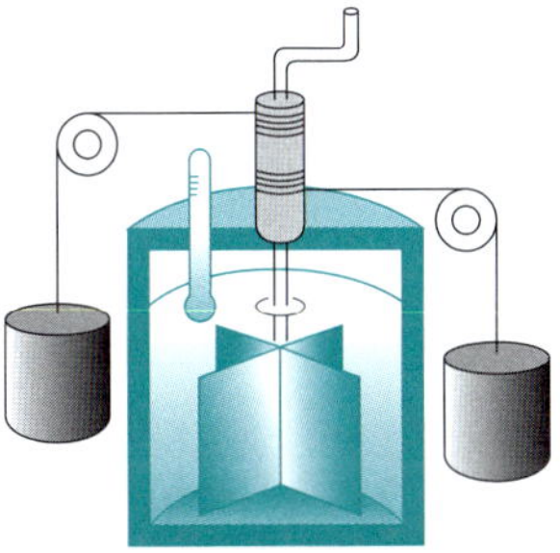

열에너지와 역학적 에너지가 같음을 보이기 위하여 고안한 기구. 그림의 추가 내려오면서 생긴 운동 에너지만큼 기구안 물의 온도를 상승시킨다. 이는 줄(James Joule 1818~1889)이 처음으로 이 기구를 이용하여 열에너지와 역학적 에너지가 같음을 보였기 때문에 에너지의 단위로 줄(joule), 즉 J을 사용하게 되었다.

ⓐ 입을 크게 벌리고 후 불어본다.
ⓑ 입을 매우 작게 벌리고 훅 불어본다.
ⓐ에서는 따뜻한 입김이 느껴진다. 체온에서 나온 입김이므로 따뜻하다.
ⓑ는 입김이 갑자기 팽창하면서 냉각되므로 차게 느껴진다.

**확인문제 2**

1. 100J의 에너지를 계에 가해도 계는 외부에 대해서 아무런 일도 하지 않았다. 내부 에너지의 증가는 얼마인가?
2. 100J의 에너지 중 40J 만큼 일을 하면 내부 에너지의 증가는 얼마가 되는가?

답 ① 100J
② 100−40=60J

## 기상학과 열역학 제1법칙

공기에 열을 가하거나 빼내면, 또 압력을 가하거나 줄이면 공기의 온도가 바뀐다. 태양열이나 복사열, 지열 등에 의해 공기에 열이 가해지면 공기의 온도가 올라간다. 또 우주로의 복사, 빗방울의 증발, 찬 땅과의 접촉 등에 의해 열을 빼앗기면 공기의 온도가 내려간다.

공기 덩어리가 산으로 올라가면 기압이 떨어진다(기압이 떨어진다는 것은 공기의 밀도가 떨어지고 공기 표면 면적만 넓어진 것이라고 말할 수 있다). 기압이 떨어지면 온도가 내려간다(이는 열역학 제1법칙에 의하면 내부 에너지가 감소되었다고 할 수 있다).

상승하는 공기덩어리는 단열팽창하면서 냉각된다. 한편 고도가 올라갈수록 주변의 공기 또한 차게 된다. 따라서 공기덩어리의 온도가 주변보다

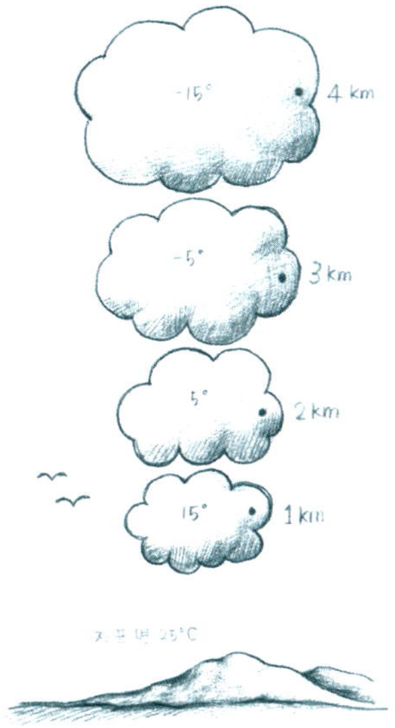

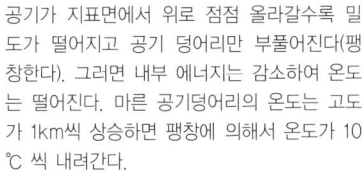

공기가 지표면에서 위로 점점 올라갈수록 밀도가 떨어지고 공기 덩어리만 부풀어진다(팽창한다). 그러면 내부 에너지는 감소하여 온도는 떨어진다. 마른 공기덩어리의 온도는 고도가 1km씩 상승하면 팽창에 의해서 온도가 10℃ 씩 내려간다.

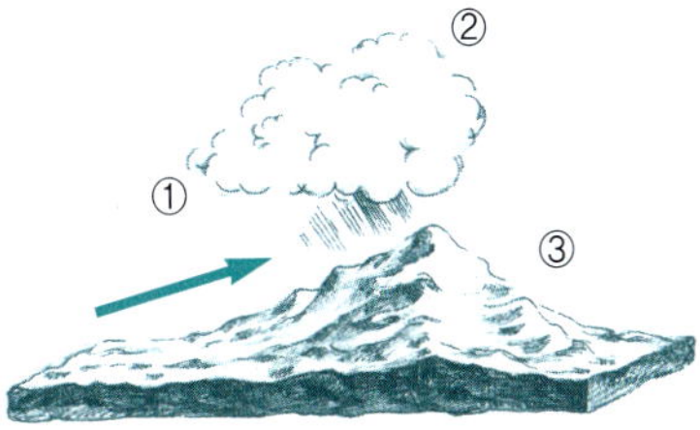


① 따뜻한 공기덩어리
② 상공으로 높이 올라감으로써 기압이 떨어져 기온은 냉각된다.
③ 아래로 내려옴으로써 공기는 수축되어 내부온도가 올라간다.

높으면(즉, 공기밀도가 적으면) 계속해서 상승할 것이다. 만약 주변보다 차게 되면(즉, 밀도가 높아지면) 하강할 것이다.

이러한 원리를 이용하여 기상학에서는 새로운 기상 정보에 대한 계산을 할 수가 있었다. 물론 지금은 더욱 연구가 발전되고 또 슈퍼 컴퓨터가 있어서 수 많은 정보를 빠른 시간 내에 계산하여 예보관에 의해 판단할 수 있도록 자료가 제공되고 있다.

고공에서 외부의 기온은 -35℃ 정도이지만 비행기 안은 쾌적하다. 그 이유는 흥미롭게도 난방이 아니라 냉방 때문이다. 비행기 안의 기압은 해수면과 같으므로 외부의 공기를 이 수준으로 압축하면 온도가 55℃가 되어 뜨거워진다. 따라서 냉방기를 작동하여 가압공기로부터 열을 빼내야만 된다.

## 3. 공기의 압력과 말 여덟 마리의 힘의 대결

독일과 유럽은 신교와 구교간의 분쟁으로 1618년부터 시작하여 1648년까지 30년 동안을 싸운 삼십년전쟁이 일어났다. 프로이센의 한 주인 잘센의 수도인 마그레부르크에서 태어난 한 총명한 청년인 오토 폰 귀리케(1602~1686)는 이 전쟁에 참가했으나 패배하여 마그레부르크는 함락되고 도시는 약탈당하고 파괴되어 폐허처럼 되었다. 이 때 주민의 절반이 살해되었다고 한다. 전쟁이 끝나고 귀리케는 도시의 재건에 힘을 써 도시는 다시 활기를 찾기 시작했으며 귀리케는 그 후 시장이 되어 35년간이나 그 자리를 지켰다고 한다.

귀리케는 일찍이 기하학과 역학에 좋은 성적을 올렸으며, 그는 외국을 여행 중에도 이 분야에 관심이 많았다. 시장으로 당선된 뒤에도 틈만 있으면 과학에 대한 연구와 실험을 했다. 그래서 그는 무엇을 곧잘 만들어 주위의 사람을 놀라게 하였다. 그는 열성적인 노력 끝에 물수압계와 공기 펌프를 만들었다. 그리고 그가 만든 공기 펌프로서 공기의 압력이 얼마나 큰가를 세상 사람에게 보이고 싶었다. 이 실험을 위해 구리로 속이 빈 반쪽의 공을 두 개 만들었다. 이 반쪽의 공은 서로 맞붙이면 꼭 맞게 고안되었으며 귀리케는 두 반구가 맞붙은 곳을 가죽으로 감고 그 가죽 위에 초를 텔레핀 기름에 녹인 용액을 부었다. 이리하여 두 구리 반구는 하나의 공으로 되고 미리 준비된 구멍에 공기 펌프를 연결시켜 구리 공 속을 완전히 진공으로 만들었다. 그리고 그 구리공은 쇠고리로 되어 있어 그 쇠고리에 강한 끈을 연결하여 몇 사람이 끌 수 있게 하였다. 준비를 마친 귀리케는 친구들을 불러모아 그 앞에서 실험을 하였다. 양쪽에는 힘이 센 네 사람이 각각 끈을 당겼으나 공은 떨어지지 않았다. 사람들은 어찌된 영문을 모르고 그냥 입만 벌리고 있었다. 실험을 마친 귀리케는 공기 펌프를 사용하여 이번에는 그 공 속에 공기를 주입시킨 뒤, 그 공을 두 손으로 힘들이지 않고 열었다. 그리고 그 이유를 설명하였다. 구경하던 사람들은 그 설명을 믿으려 하지 않았다.

이 소문을 페르디난트 3세(Ferdinand Ⅲ)가 듣고 귀리케에게 자기 앞에서 이 실험을 하도록 명했다. 귀리케는 황제의 명을 받고 모든 준비를 완벽하게 한 뒤 황제가 보는 앞에서 실험을 하기로 하였다. 그는 황제와 몇 사람의 신하들이 보는 앞에서 여덟 마리의 센 말들이 반구 한 쪽을 끌고 다른 반쪽 공도 여덟 마리의 말이 반대편에서 끌었다. 말이 전력을 다해서 잡아 끌었지만 잘 안 되었다. 결국에는 말들이 있는 힘을 다해 끌어서야 겨우 두 반구를 서로 뗄 수 있었다. 반구가 떨어질 때 궁정에 모였던 구경꾼들은 가슴이 내려앉을 정도로 놀랐다. 귀리케의 말을 빌리면 '마지막에 …… 말이 반구를 잡아 떼었을 때 대포를 발사할 때와 같은 큰 폭음이 났기 때문' 이었다(그 폭음은 물론 진공인 반구 속으로 공기가 갑자기 들어갔기 때문에 난 것이다).

이렇게 해서 황제나 그 신하들은 두 개의 반구를 떼기가 얼마나 힘든가를 보았는데 그 뒤 귀리케는 그들에게 얼마나 손쉽게 힘 안들이고도 뗄 수 있는가를 또 보여 주었다. 그는 말을 반구에서 떼어 놓고 두 반구를 다시 딱 붙였다. 그리고는 조수를 시켜 펌프를 써서 쇠로 만든 구 안에 공기를 주입시켰다. 다음에 그는 코르크 마개를 간단히 돌려 이 두 반구를 떼내었다. 공기가 공 속으로 들어가서 귀리케는 아무런 힘도 안 들이고 반구를 떼어 놓을 수 있었던 것이다. 이것은 공 속으로 들어 간 공기가 공 안쪽에서는 바깥쪽으로 밀고, 공 바깥쪽의 공기는 안쪽으로 미는 두 힘이 서로 상쇄되기 때문이다.

그후 직경 1m 되는 더 큰 공의 바깥면에 작용하는 공기의 압력을 계산하고 이것은 24마리의 말로도 두 반구를 떼어 놓을 수 없을 정도로 큰 것임을 알았다. 그 전보다 더 큰 반구를 만들어서 16마리 대신에 24마리의 말을 써서 다시 실험을 했다. 말이 아무리 힘을 썼어도 이 반구는 떼어 놓을 수 없었다 한다. 이 때도 귀리케는 코르크 마개를 트는 것만으로도 쉽게 떼어 놓을 수 있음을 보여 주었다.

# 뉴턴의 사과

- 뉴턴-

4

## 1. 뉴턴의 사과

뉴턴이 살던 17세기의 영국은 여러 가지의 새로운 기술과 과학의 연구를 요구하던 시대였다. 예를 들어 수송상의 영역에서 선박의 적재량 · 속도 · 안전 항해 · 조타 성능 · 운하망 · 수문 정비 등의 과제는 부력을 비롯하여 저항매질 중에서의 물체의 운동 법칙과 조석 현상의 해명을 필요로 하며, 유체의 유출, 물의 압력, 유출 속도와의 관계 등의 연구를 통해 이의 합리적인 해결을 기다리고 있었다.

수차나 풍차 등 자연력의 이용은 역학적 현상을 대상으로 하여 인간의 근육을 근거로 자연의 모든 힘을 비교할 수 있는 가능성을 열게 되었다. 군사적 영역에서 포탄과 화기를 물체의 자유 낙하와 포물체 운동, 작용과 반작용, 그리고 충돌 문제 등의 연구가 축적되어 천체와 지상 역학의 통일적 체계화가 가능하게 되었다. 이것이 뉴턴 역학의 출현을 준비했다고 할 수 있다.

1664년 뉴턴은 아직 20대 초였으며, 그는 케임브리지 대학에서 수학을 공부하고 있었다. 이것은 그의 아저씨의 배려에 의한 것이었다. 그는 과학사에서 기묘하게도 갈릴레오가 죽던 1642년 크리스마스날 어머니의 농가인 울스도르프에서 태어났다. 아버지는 뉴턴이 태어나기 몇 개월 전에 죽었기 때문에 뉴턴은 할머니와 어머니의 보호 아래 성장하였다. 어린 시절 그는 특별히 총명하지는 않았으며 14살 반이 되던 해에 어머니의 농장에서 일하기 위하여 학교를 그만두었다. 그러나 뉴턴은 농부로서의 역할을 충실히 하지 못하였으며 일하기보다는 오히려 근처의 약방에서 책을 빌려 보는 것을 더 좋아하였다. 이를 본 그의 아저씨가 그의 재질을 알아차리고 케임브리지 대학에 입학시킨 것이다. 그러나 그는 학교에서도 처음에는 특별한 재능을 나타내지는 못하였다. 1665년 흑사병이 전 유럽을 휩쓸면서 맹위를 떨치고 있을 때, 그도 사람의 출입이 뜸한 어머니 농장으로 돌아와서 쉬게 되었다. 뉴턴에게는 이보다 더 안전한 피신처가 없었다. 이 때 뉴턴의 나이 23살이었다.

어머니가 사는 집에는 깨끗한 뜰이 있고 뉴턴은 뜰에서 공부를 하거나 사색에 잠기는 때가 많았었으며, 훨씬 뒤에 그는 전염병이 성했던 이 곳에서의 2년 동안이 그의 생에서 가장 중요한 시기였다고 술회하고 있다. 이 시기에 뉴턴은 오늘날 수학의 중요한 한 분야인 미적분을 발견했고, 빛에 관한 많은 새로운 사실을 알아냈으며, 만유인력을 생각해냈다.

## ● 사과는 왜 땅으로 떨어지는가?

뉴턴에 관한 전기에는 다음과 같이 씌여 있다.

> 어느 날 뉴턴이 울스도르프에 있는 어머니집 뜰에 앉아 있을 때 사과가 하나 나무에서 떨어지는 것을 보았다. 그것을 본 그는 왜 사과는 똑바로 아래로 떨어질까 하고 생각에 잠겼다. 왜 연직으로 지면에 떨어지고, 위로 가든가 옆으로 가지 않는 것일까? 그는 사과가 가지에서 떨어질 때 밑으로 떨어지는 것은 어떤 힘이 그것을 지면으로 잡아당기고 있기 때문이라는 결론을 내렸다.

그 글은 또 다음과 같이 주석을 달고 있다.

> 이 유명한 구상은 사과에서 얻어졌다고 한다. 나는 이것을 현명하고 학식이 많고 또 훌륭한 친구인 마틴 폭스(Martin Fox)에게서 들었다. 그는 기사로서 왕립학회에서는 매우 뛰어난 회원이다. 나는 그에게 경의를 표시하기 위하여 그의 이름을 든다.

또 1733년에 쓴 볼테르(1694~1778)의 '철학적 편지-영국인에 대한 편지' 에는 다음과 같이 말하고 있다.

뉴턴은 전염병 때문에 케임브리지 근처 시골에 숨어 있었다. 어느 날 뜰을 거닐고 있을 때 사과가 나무에서 떨어지는 것을 보았다. 그는 저 유명한 인력에 대한 깊은 명상에 빠졌다. 그 원인에 대해서는 모든 철학자들이 탐구해 왔지만 잘 몰랐던 것이다. 한편 대중은 여기에 아무 신비스러운 것도 없는 것으로 생각하고 있었다.

그러나 한편으로 뉴턴의 사과의 낙하에 대한 일화를 부정하는 사람도 많이 있다. 그들은 첫째로 뉴턴이 살던 시대에 많은 저자들이 이 사건에 대해 언급한 사실이 없다. 예를 들면 뉴턴이 사망했을 때 '송사'를 쓴 퐁트넬(1657~1757)도 사과에 대해서는 일언 반구도 말하지 않았다. 또 같은 시대의 사람인 팸버튼도 이렇게 쓰고 있을 뿐이다.

떨어지는 사과를 보는 뉴턴

후에 〈프린키피아〉를 낳게 한 사상을 그(뉴턴)가 처음으로 품게 된 것은 전염병 때문에 케임브리지를 떠나서 농장에 묻혀 있던 1666년의 일이었다. 그는 뜰에 있을 때 인력에 관한 명상에 빠졌다.

그리고 뉴턴과 같은 시대의 사람인 휘스튼도 뉴턴에 관한 책을 썼지만 이 사건에 관해서는 언급하지 않았다. 뉴턴의 중요한 전기를 쓴 데이비드 브루스터도 그러했다. 또 독일의 유명한 철학자인 헤겔(1770~1831)은 다음과 같이 말했다.

'뉴턴의 눈 앞에서 떨어진 사과의 가련한 이야기'라고 말하고 다시 이렇게 부연하고는 "이 이야기를 좋아하는 사람들은 인류의 타락과 트로이의 함락도 포함해서 사과가 전세계에 얼마나 재화를 가져왔는가 하는 사실을 잊어버렸음에 틀림없다. 실은 사과는 과학에 있어서는 흉조이다."

또 같은 독일인인 가우쓰(1777~1855)는 또 이 전설을 재미있게 변형해서 다음과 같이 말하고 있다.

그 사과 이야기는 아무런 근거도 없다. 사과가 떨어지거나 안 떨어지거나 이런 발견이 그것으로써 빨라지거나 늦어졌으리라고 누가 믿겠는가? 그 사건은 다음과 같았음에 틀림없다. 뉴턴에게 바보같이 추근추근한 자가 찾아와서 어떻게 해서 그런 대발견을 착안했는가 캐물었다. 뉴턴은 이야기 도중에 상대방이 얼마나 바보스러운가를 깨닫고 빨리 끝내고 싶어졌다. 그래서 그는 사과가 코 앞에 떨어졌기 때문이라고 말해주었다. 그 이야기를 듣고 나서 그 자는 사건의 경위를 완전히 알았다고 생각하고 만족해서 돌아갔을 것이다.

이 이야기 중에 뉴턴이 사과가 떨어지는 것을 보고 인력을 발견하게 되었다는 내용은 완전히 부정할 수 있다. 그 이유는 그보다 앞서 인력에 관해 알고 있던 사람이 많았기 때문이다. 가령 갈릴레오는 뉴턴이 태어난 해에 사망했으나, 인력에 관해서 많은 공헌을 했다. 그러나 사과가 떨어지는 것을 본 것이 뉴턴에게 어떤 영감을 주어서 인력을 그때까지 누구도 감히 생각하지 못할 정도로 철저하게 연구하도록 했는지는 모를 일이다.

이 가능성은 뉴턴의 주치의인 스타클리가 쓴 전기(200年 가까이 알려지지 않은 채 원고로 남아 있었다.)에서 박사는 자기 자신이 알고 있는 것만을 근거로 했으며 '들은 것'은 참고로 하지 않았다고 하고 다음과 같은 글을 쓰고 있다.

1726년 4월 15일 나는 아이작 뉴턴 경을 방문하고 같이 식사를 하면서 온종일 그와 둘이 지냈다. 점심을 마친 뒤 날씨가 따뜻했기 때문에 우리들은 뜰로 나왔다. 어떤 사과나무 밑에서 나는 그와 차를 마셨다. 그는 내게 "다른 발견들은 고사하고 이전에 인력에 관한 생각이 떠올랐을 때도 꼭 지금과 같은 상태였다"고 말했다. 그 생각이 떠오른 것은 그가 명상적 기분으로 앉아 있을 때 사과가 떨어졌기 때문이었다. 왜 사과는 언제나 연직으로 지면에 떨어지는가 하고 자문했다. 왜 그것은 옆으로나 위로 가지 않고 반드시 지구 중심을 향해서 떨어지는 것일까? 그 이유는 지구가 그것을 잡아당기고 있기 때문에 의심할 여지가 없다."고 생각했다고 말했다.

이 증언에는 반론의 여지가 없다. 뉴턴이 사과가 지면으로 떨어지는 것을 보았기 때문에 인력에 대한 생각에 잠긴 것은 사실인 것 같다.

18세기 말 울스도르프의 뜰에 있는 사과나무 중의 한 나무에는 〈사과가 떨어진 나무〉라는 표지가 붙게 되었다. 1820년경 이 나무는 썩게 되어 베어버렸으나 그 목재의 일부는 의자로 만들어져서 지금까지 남아 있다.

1951년 '링큰셔 에코우'는 이 유명한 나무의 후손이 지금도 남아 있다는 보도를 했다. 그것에 의하면 나무의 순을 따서 큰 과수연구소로 가져다가 계속해서 접을 붙였다 한다. 그래서 새로운 나무로 만들어졌으며 그중 한 나무는 미국으로 보내졌다. 이 사과는 '켄트의 자랑'이라 불리우는 품종으로서 뉴턴 시대에는 삶아먹는 사과로 인기가 있었다 한다.

## 과학적 사고로 생각하기

선생 : 여기서 우리가 함께 생각해 볼 것이 있다. 뉴턴이 사과나무에서 사과가 떨어지는 것을 보고 '만유인력'을 발견했는지에 관한 이야기가 사실인지 아닌지는 중요하지 않다. 그 시기에 대부분의 과학자는 이미 '관성'이나 '중력' 등에 대해 알고 있다. 이는 뉴턴이 태어나던 시기에 사망한 갈릴레오에 의해서도 이미 증명이 된 것이다.

학생 : 그런데 '관성'이나 '중력'에 대한 개념에 '운동'이 도입된 것은 뉴턴에 의해서이잖아요?

선생 : '어떤 성질', 예를 들면 '물체가 정지하고 있으면 계속해서 정지하고 있으며, 움직이고 있는 물체는 계속하여 움직이는 성질'이 있다고 하는 성질을 발견한 것은 중요하지만 그처럼 대단한 것은 아니지. '법칙'은 질서지. '물질의 성질'은 물질에 내재한 질서를 알아내어 설명한 것이라고 볼 수 있는데, 불행히도 갈릴레오는 그 물질의 성질을 발견했으면서 그 성질이 '모든 물질'에 내재한 '질서'인 것을 알지 못했지.

학생 : 그 '질서'란 무엇인지 좀 풀어서 설명해 주시겠어요?

선생 : '질서'는 '하나의 성질'로 다른 것도 '같다'고 여기는 '통일된 설명'을 말하지. 그 '설명의 범위'가 제한되어 있다면 그것은 다만 그 '현상'에 대한 설명에 그치지만 그 '설명의 범위'가 넓다

면 그것은 '성질' 이라고 말할 수 있고, 그것이 광범위하게 설명될 수 있는 것이라면 우리는 그것을 '법칙' 이라고 말할 수 있지. 뉴턴은 '왜 사과가 하늘로 올라가거나 또는 옆으로 흐르지 않고 땅에 떨어지느냐' 하는 사실에 대해 의문을 가졌지.

학생 : 사과가 땅에 떨어지는 것은 당연하잖아요? 사과가 어떻게 고무풍선도 아닌데 하늘로 올라갈 수 있어요? 그리고 사과만이 아니라 모든 물건이 땅으로 떨어지잖아요? 그리고 이는 갈릴레오가 이미 '중력' 에 대해 설명한 사실이잖아요?

선생 : 그러니까 '사과' 를 비롯하여 모든 물체가 왜 땅으로 떨어지느냐 하는 것이지. 뉴턴의 생각은 그것은 그럴 만한 필연적인 이유가 있다고 여긴 것이지. 자연의 이치란 모두가 그럴 만한 이유가 있는 것이니까. 그것은 아마도 '지구가 끄는 힘이 있기 때문' 일지도 모른다. 그렇다면 왜 지구는 끄는 힘을 지녔을까? 지구를 이루고 있는 것은 수많은 물체들이 모여서 이루어진 것이다. 그럼 다른 물체도 '끄는 힘' 이 있는 것은 아닐까? '사과' 나 '돌멩이' 나 '깃털' 까지.

학생 : '깃털' 이나 '사과' 가 모두 끄는 힘이 있어요? 사과에 끄는 힘이 있고 깃털에 끄는 힘이 있다면 사과나무가 뽑히고 깃털은 하늘로 올라가지요.

## 과학적 사고로 생각하기

선생 : 사과나 깃털, 그리고 돌이나 바위 등은 지구의 무게에 비하면 엄청나게 작지. 그러므로 지구의 끄는 힘에 의해 그 작은 물체의 끄는 힘은 흔적도 나타나지 않겠지.

학생 : 그럼, 어떻게 해서 뉴턴은 '모든 물체에 끄는 힘이 있는 것' 이라고 가정을 했을까요. 이처럼 드러나지도 않아서 증명할 수도 없는데요.

선생 : 당시에 이미 지구는 태양의 둘레를 도는 행성이라는 것, 또 달은 지구의 둘레를 도는 '위성' 이라는 것도 뉴턴은 알고 있었지. 그것은 갈릴레오가 증명해 놓은 것이니까. 그런데 왜 지구는 안정된 궤도를 따라 태양의 주위를 돌며, 또 달도 마찬가지로 지구의 둘레를 돌고 있을까? 그 행성은 왜 서로 충돌하지 않고 또 궤도를 질서 있게 돌고 있을까? 하는 생각을 해 볼 수 있었겠지. 다음은 유명한 뉴턴의 저서인 ≪프린키피아≫의 서문에서 밝힌 로저 코츠의 글이다.

그러니 우리 주변의 아주 단순한 현상부터 따지기 시작해서, 지구의 물체들이 지니고 있는 중력의 본성이 뭔지 고려한 다음에, 우리에게서 까마득히 멀리 떨어져 있는 천체들이 지니고 있는 중력은 뭔지 연구하는 편이 안전할 것 같다. 지구에 있는 모든 물체들은 지구를 향해서 중력이 작용하고 있다고 모든 철학자들이 동의하고 있다.

(중략)

모든 물체들이 지구를 향해서 중력을 받는 것처럼, 지구도 모든 물체들을 향해서 중력을 받고 있다. 중력은 서로 상호적으로 작용하며, 그 크기가 서로 같음을, 이것은 지구와 태양, 달, 그리고 그 외의 모든 행성들이 중력을 가지고 있기 때문이며, 그 중력에 의해 서로 끄는 힘이 균형을 이루는 곳에서 각각 위치하고 있다는 것이지.

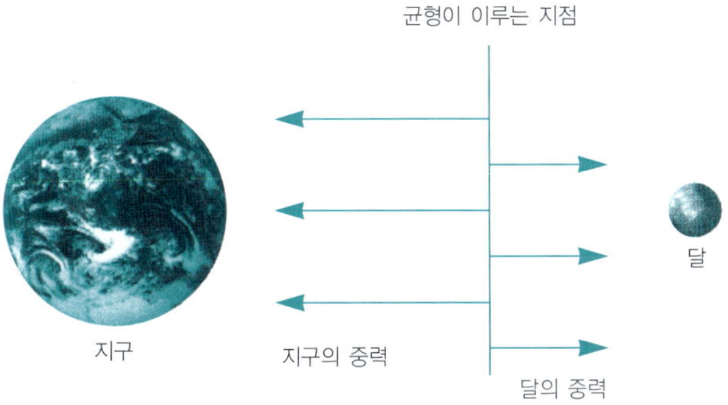


학생 : 지구와 달을 가지고 설명하는 것은 이해가 가는데, 그것만으로 다른 행성에서도 중력이 있다는 것에는 아직 충분히 납득이 된다고 말할 수 없습니다. 다른 예로써 설명을 더 해 주십시오.

선생 : 로저 코츠는 다음과 같이 설명하고 있다.

## 과학적 사고로 생각하기

지구의 질량을 두 부분으로 갈라라. 크기가 같도록 가르든, 다르게 가르든, 마음대로 갈라라. 그 두 부분이 각각 상대방 방향으로 가하는 무게가 같지 않으면, 무게가 가벼운 쪽이 무게가 무거운 쪽에게 밀리게 되며, 따라서 무거운 무게가 가리키는 방향을 향해서 이 두 부분은 직선을 따라 끝없이 움직이게 된다. 그러나 이것은 우리의 경험과 어긋난다. 그러므로 두 부분이 서로 상대방을 향해서 가하는 무게가 같다. 즉, 중력의 작용은 서로 상호적이며, 그 크기가 같다.

학생 : 어렴풋이 알겠습니다만 다시 부연 설명을 더 해 주시겠어요?

선생 : 어떤 물질이나 중력을 가졌기 때문에 지구의 질량을 어떤 방식으로 잘라도 그 중력의 크기는 같은 것이다. 만약 틀려서 어느 한쪽이 무겁다면 그 끄는 힘이 더 강해서 지구는 한쪽으로 쏠리면서 어느 쪽이든 계속하여 질주해 나갈 것이다. 그러나 그렇지 않다는 것은 양쪽의 중력이 같기 때문에 양쪽이 균형을 이룬 것이다. 그런 설명이지.

학생 : 이제 알겠습니다.

선생 : 또 달의 중력이 지구까지 미치는 증거로는 조수의 흐름, 즉 조금(바닷물이 가장 낮은 때인 매달 음력 8일과 23일)과 사리(매달 음력 보름과 그믐날, 조수가 가장 높이 들어오는 때)가 달의 중력에 의한 것이란 증거다. 또 중력은 그 물체의 질량(무게와 다름)에

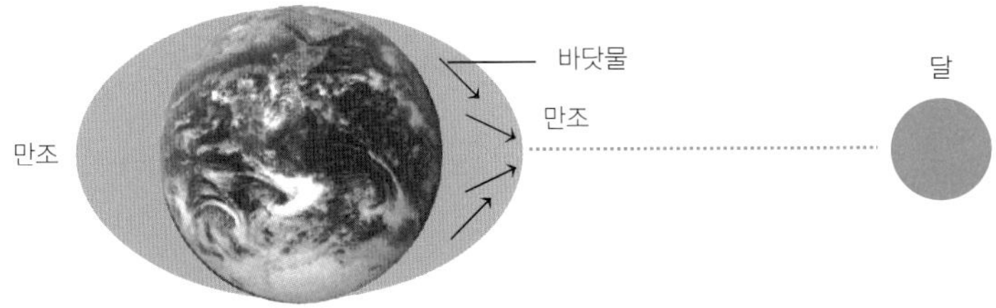


**조석 현상**

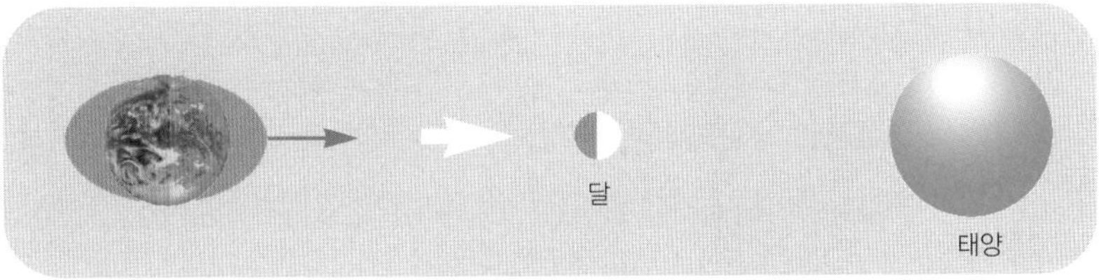


**사 리**

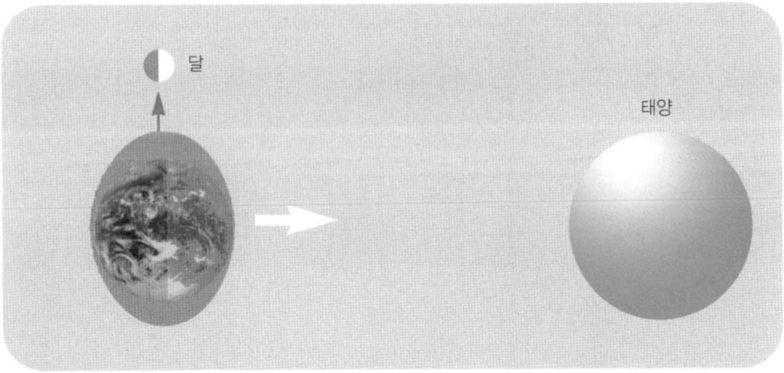


**조 금**

## 과학적 사고로 생각하기

비례한다고 본 것이지.

학생 : 이야기 나온 김에 '질량'과 '무게'에 대해 설명해 주세요.

선생 : '질량'은 물체가 갖는 관성의 크기를 나타내며, '무게'는 중력에 의해 물체에 작용하는 힘을 말한다. 예를 들면 조그만 두 물체 가운데 어느 것이 무거운가를 알기 위해서 우리는 그 물건들을 든다. 이 때 우리는 어느 물건이 얼마나 무겁다고 말한다. 이럴 때 우리는 '무게'로써 나타낸다. 그러나 마루 위에 놓은 두 물체를 밀기 위해 어느 것이 더 힘이 드는가 덜 드는가를 알아보기 위해 흔들거나 밀어 볼 때 우리는 '질량'의 단위로 나타낸다. 다시 말해서 '무게'는 '중력'을, '질량'은 '관성의 크기'를 나타내는 양이다.

물체들이 같은 거리만큼 떨어져 있으면, 그들 사이의 당기는 힘(만유인력)은 물체의 질량에 비례한다. 왜냐 하면 물체들은 지구를 향해서 중력을 받고 있고, 역으로 지구는 같은 크기의 힘으로 물체를 향해서 중력을 받고 있으니, 각각의 물체를 향한 중력은, 즉 각각의 물체가 당기는 힘은, 그 물체가 지구를 향해 생기는 무게와 같다.

〈프린키피아-서문(로저 코츠) 중에서〉

학생 : 그럼 지구의 중력이 미치는 곳과 달의 중력이 미치는 곳, 태양의 중력이 미치는 곳이 각각 다르겠네요?

선생 : 그렇지. 그래서 태양의 중력은 멀리 천왕성이나 해왕성까지 미치지. 그리고 뉴턴은 이런 중력 법칙으로써 지구가 태양을 중심으로 원운동을 하는 것, 달이 지구의 주위를 원운동하는 것도 설명했지.

학생 : 그것을 어떻게 설명했어요?

…. 만약 어떤 물체가 곡선을 따라서 움직이고 있으면, 그 물체는 그 궤도에 접하는 직선으로부터 계속 벗어나 굽어 움직이니, 어떤 힘이 계속 작용하여서 곡선 궤도를 유지하고 있음을 알 수 있다.

〈프린키피아-서문(로저 코츠) 중에서〉

선생 : 아래 그림과 같이 지구와 달의 중력이 균형을 이루는 곳에 두 행성이 있지.

# 과학적 사고로 생각하기

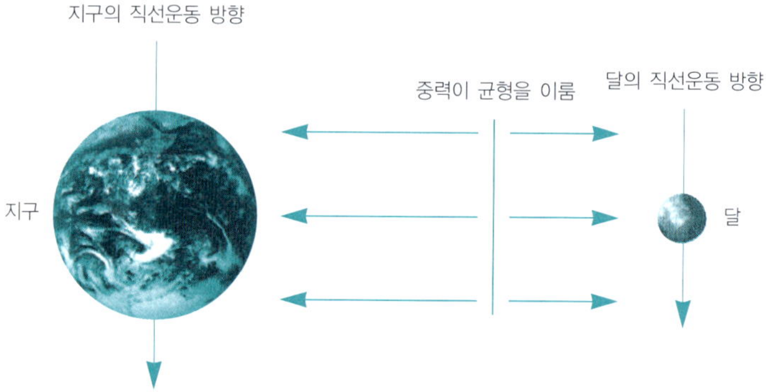


그러나 지구는 직선 운동을 하는 것이 아니라 태양의 주위를 원운동하고 있으므로 달이 계속하여 직선운동을 하게 되면 달은 지구의 중력으로부터 벗어나게 된다. 그러나 이는 가능하지 않다. 지구의 중력이 작용하기 때문에. 지구는 달이 안정된 거리를 벗어나지 못하도록 끌고 있다. 여기에 달은 자신의 운동 방향으로 계속하여 가려는 관성이 있다. 이 때문에 달이

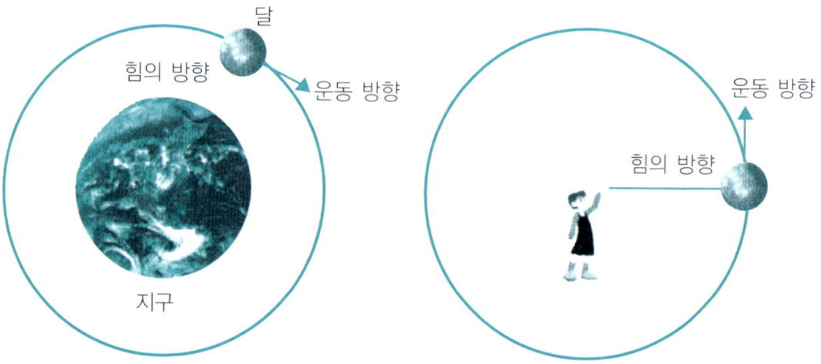

지구의 둘레를 일정하게 돌게 되지. 이것이 '구심력' 이지.

뉴턴은 사과가 나무에서 땅으로 떨어지는 이유에서부터 우주의 질서까지를 하나의 법칙 즉, '만유인력' 으로써 설명하고 있다. 그리고 모든 물리적인 힘은 관성과 가속도, 중력, 작용과 반작용으로 설명을 한다. 다시 말해서 우주의 질서를 하나의 법칙으로써 정리해 놓은 것이지. 얼마나 간단하고 명료하냐?

학생 : ……

선생 : 법칙이란 이처럼 간단한 원리로, 복잡하고 많은 것(모든 것이면 더욱 좋고)을 설명할 수 있어야 하지.

학생 : 이런 설명 방법으로는 또 무엇이 있나요?

선생 : '법칙' 이란 이름을 붙인 것이 대개 그렇지. 그 중에서도 '에너지' 의 흐름을 가지고 설명한 것, '순환' 이란 이름으로써 설명한 것 등도, 간단한 이치를 가지고 복잡한 현상을 쉽게 설명하고 있지.

# 한걸음 더 나아가기

## 뉴턴의 운동법칙

뉴턴의 제1법칙은 갈릴레오에 의해 제안된 관성에 대한 개념을 다시 설명한 것이다. 제2법칙은 가속도와 가속도를 일으키는 힘과의 관계이다. 제3법칙은 작용과 반작용의 법칙이다.

### 1. 뉴턴의 제1법칙

> 물체에 가해지는 힘에 의해 상태가 바뀌지 않는다면
> 정지해 있는 물체는 계속해서 정지하고 운동하는 물체는
> 직선으로 같은 운동을 계속한다.

관성법칙에서 중요한 용어는 "연속"이다. 즉 힘이 작용하지 않는 한 물체는 하고 있던 운동을 계속할 것이다. 정지해 있다면 계속해서 정지해 있을 것이고 운동하고 있다면 속력의 변화나 방향의 변화 없이 계속해서 운동할 것이다. 간단히 말해서 물체는 스스로 가속되지 않는다.

다음 그림을 보자.

카드를 갑자기 잡아당기면 동전이 유리 안으로 떨어진다. 이는 동전이 그 위치에 그대로 있으려는 성질 때문이다.

망치를 아래 방향으로 두들기다가 갑자기 멈추면 망치머리가 자루에 꼭 끼게 되는 이유는 무엇인가? 그것은 망치머리가 계속하여 아래 방향으로 내려가려는 성질 때문이다.

우리는 버스를 타고 가다 버스가 갑자기 브레이크를 밟아 앞으로 쏠린 경험을 했을 것이다. 이것은 움직이는 버스에 탄 사람이 버스의 급정거로 인해 멈추자 앞으로 계속하여 가려는 성질 때문이다. 이것이 관성이다.

### ● 질량

모든 물체는 관성을 갖는다. 관성은 물체를 구성하는 물질의 양에 관계된다. 많은 물질로 되어 있을수록 더 큰 관성을 갖는다. 물체가 얼마나 많은 양을 갖는가를 설명할 때 질량이라는 용어를 사용한다. 물체의 질량이 크면 클수록 관성도 커진다. 질량은 물체가 갖는 관성의 크기를 나타낸다.

약간 까다로운 표현처럼 보일 것이다. 이것은 우리가 '질량'을 '무게'와 혼동하여 사용해 왔기 때문에 이를 구별하기 위해서 이런 까다로운 표현을 쓰게 된 것이다. 그러므로 여기서는 '질량'을 '무게'와 비교하면서 다시 설명을 해보자. 예를 들어 조그만 두 물체 중에서 어느 것이 더 무거운가를 결정하려면 손으로 들어보면 알 수 있다. 반면에 관성을 알려면 물체를 앞 뒤로 흔들어 보거나 적당히 움직여서 어느 것이 움직이기 더 힘든지, 즉 운동에 변화를 가져오는데 저항이 더 큰지를 알아볼 수 있다. 다시 한번 반복하여 설명해 보자. 도로 위에 있는 자전거를 밀 때, 또는 자동차를 밀 때, 여기서 오는 양의 차이를 질량의 차이라고 말할 수 있다. 그래서 두 물질 중 어느 것이 더 질량이 나가냐고 물을 수 있다. 이것을 바꿔 '어느 것이 더 무거우냐'고 한다면 그것은 그릇된 표현이다.

질량의 단위는 'kg'으로 나타낸다. 그리고 힘의 단위는 N(뉴턴)으로 나타낸다. 1kg짜리 벽돌의 무게는 9.8N이다. 지구의 표면을 떠나 중력의 영향이 작아지는 곳에서는 1kg 짜리 벽돌의 무게는 작아진다. 또한 지구보다 큰 중력을 갖는 다른 별들의 표면에서는 무게가 더 나갈 것이다. 예를 들면 지구중력의 1/6 밖에 안 되는 달 표면에서는 1kg의 무게는 1/6N이다. 한편 중력이 큰 별의 표면에서는 물체의 무게가 더 무거울 것이다. 그러나 벽돌의 질량은 어느 곳에서나 같은 값을 갖는다. 벽돌에 작용하는 인력이 지구, 달 또는 어느 별에서처럼 다르더라도, 벽돌은 가속이나 감속에 대해서 같은 저항을 보일 것이다. 중력이 상쇄되는 지구와 달 사이에 위치한 우주선에서도 벽돌은 같은 질량을 갖는다. 여기서 물체를 저울로 달아보면 저울 눈금이 변하지 않지만 운동의 변화에 대한 물체의 저항은 지구 위에서와 같다. 우주인이 우주선에서 벽돌을 앞 뒤로 흔드는데 필요한 힘은 지구에서 벽돌을 앞 뒤로 흔드는 데 필요한 힘과 같다. 즉 지구나 달의 표면에서 자동차를 움직이려면 같은 힘으로 밀어야 한다. 중력과 반대 방향으로 물체를 들어 올리는 데 필요한 힘은 물체를 미는 힘과는 별개이다. 그러므로 질량과 무게는 서로 다르다.

또 '질량' 과 혼동하기 쉬운 것으로 '부피' 가 있다. 그러나 다음 예를 보면 곧 이해할 수 있을 것이다. 설탕 2kg은 설탕 1kg이 차지하는 부피의 두 배가 된다. 그러나 당도가 두 배가 되지는 않는다. 또 한 덩어리의 빵과, 그것을 찌그러뜨린 같은 양의 한 덩어리의 빵과 질량은 같아도 부피는 같지 않다. 갈릴레오는 관성에 대해 이해를 하고 있었지만 그 의미를 정확하게 알지는 못하였다. 이를 정확히 이해하고 여기서 법칙성을 얻어 설명한 것은 뉴턴이다. 뉴턴은 관성법칙에 의해 천체의 원운동을 설명할 수 있게 되었다.

**확인문제 1**

1. 스케이트 보드를 타던 사람이 멋지게 점프를 하여 공중으로 올라갔다가 다시 멋지게 스케이트 보드를 탈 수 있다. 이를 관성으로 설명해 보아라.
2. 소나타 승용차를 지구에서 들어 올린 것과 달에서 올리는 것 중 어느 쪽이 쉽겠는가?

답 1. 스케이트 보드와 사람이 모두 같은 속도로 달리던 것이므로 관성도 같다. 그러므로 점프를 한 사람이 다시 스케이트 보드를 탈 때는 그 스케이트 보드도 사람과 같은 위치에 와 있으므로 그를 탈 수 있다.
2. 달에서의 중력은 지구에서의 중력보다 작으므로 달에서 들어 올리는 것이 더 쉽다. 물체를 들어 올릴 때 관성(질량)과 중력(무게)이 동시에 작용한다. 질량은 지구나 달 또는 어느 곳에서나 같다 할 지라도 달에서의 무게는 지구에서 무게의 1/6이므로 달에서 들어 올리는 데는 1/6의 힘이 필요하다. 그러나 질량(관성)만을 따진다면, 다시 말해서 자동차를 밀기만 한다면 지구에서나 달에서나 같다.

## 2. 뉴턴의 제2법칙

비탈을 내려오는 쇠공은 처음보다 1분 뒤가, 1분 뒤보다는 2분 뒤에 더 빨리 내려 온다. 또 이층 창문을 열고 밖으로 던진 볼펜이나 지우개도 마찬가지이다. 이처럼 속도가 점점 더해지는 것을 가속도라고 한다.

**물체의 가속도는 물체에 작용하는 알짜힘에 직접 비례하며 가속도의 방향은 힘의 방향과 같으며 물체의 질량에 반비례한다.**

이를 요약된 형태로 표시하면 다음과 같다.

가속도~ (비례)알짜 힘/(반비례) 질량

이를 기호로 바꾸면 가속도(a)는 작용한 전체 힘(F)에 비례하며, 질량(m)에 반비례한다.

$$a = F/m$$

물체의 운동 방향으로 힘이 작용하면 물체의 속력이 증가하며 반대 방향으로 작용하면 물체의 속력은 줄어든다. 또한 힘이 직각으로 작용하면 물체의 운동은 작용하는 힘의 방향으로 바뀌게 된다. 따라서 작용하는 힘의 방향에 따라 물체의 속력과 방향이 결정될 것이다. 물체의 가속도는 알짜 힘의 방향과 같다.

| 작용하는 힘 | 반작용하는 힘 | 알짜 힘 |
|---|---|---|
| 10N+10N | 0 | 20N |
| 10N | 10N | 0N |
| 10N | 5N | 5N |

또 아래의 그림과 같이 물체에 가해진 힘을 두 배로 증가시키면 가속도가 두 배로 증가하며, 세 배로 힘을 증가시키면 가속도는 세 배로 증가한다. 즉 가속도는 알짜 힘에 직접 비례한다.

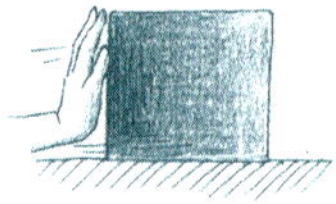

손의 힘이 상자를 가속시킨다.

손의 힘이 두 배로 증가하면 가속도도 두 배로 증가한다.

두 배의 힘이 두 배의 질량에 작용하면 가속도는 같다.

힘과 질량은 가속도에 서로 반대되는 효과를 준다. 물체의 질량이 커지면 커질수록 물체의 가속도는 작아진다. 같은 힘이 작용할 때 질량이 두 배가 되면 가속도는 반으로 줄고, 질량이 세 배로 되면 가속도는 1/3으로, 즉 질량이 증가하면 가속도는 감소한다.

손의 힘이 상자를 가속시킨다.

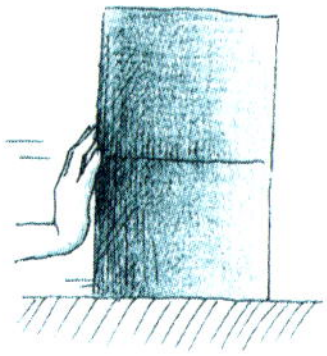

같은 힘으로 두 개의 상자를 밀면 가속도는 1/2이 된다.

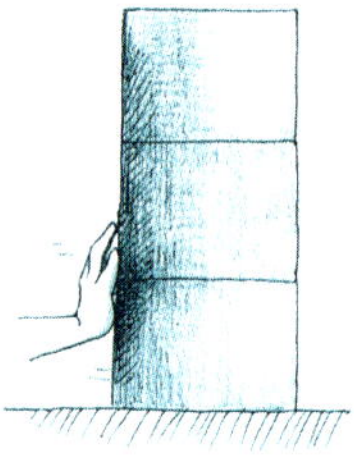

같은 힘으로 세 개의 상자를 밀면 가속도는 1/3이 된다.

**가속도는 질량에 반비례한다**

## ● 가속도가 0일 때

가속되지 않고 움직이는 물체는 움직이는 평형상태에 있다고 말한다. 볼링대를 따라 일정한 속도로 굴러가는 볼링공은 핀들과 충돌할 때까지 평형상태에 있다. 공장 마루에서 운송상자를 밀 때 운송상자는 움직이는 평형상태에 있다. 이 경우 상자에 가해준 힘은 운송상자와 마루바닥 사이의 마찰력과 평형을 이루고 있다. 따라서 알짜 힘은 0이며 가속도도 0이다.

가속도가 0이라고 해서 속도가 0인 것을 의미하지는 않는다는 점에 주의해야 한다. 가속도가 0이라는 것은 물체 자신의 속도를 그대로 유지한다는 뜻이며 속력이 증가하거나, 감소하거나 또는 방향을 바꾸는 것을 뜻하지 않는다.

## ● 마찰

마찰은 한 면이 다른 면 위를 미끄러지거나 미끄러지려 할 때 나타나는 힘이다. 우리는 달리던 자동차가 경적을 울리며 급정거하는 모습을 가끔

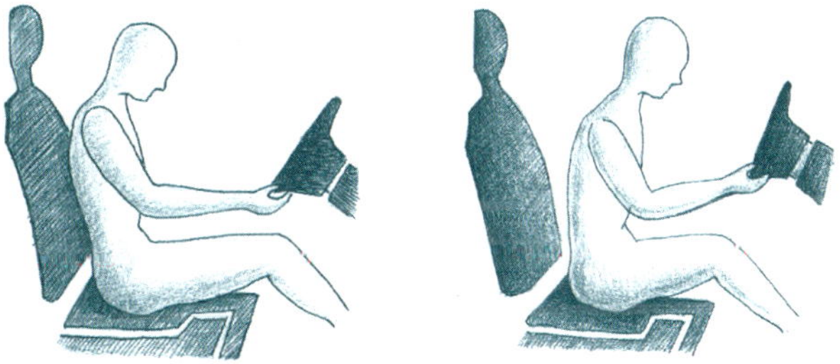

안전 벨트를 매었을 때 　　　 안전 벨트를 매지 않았을 때

**충돌했을 때 운전자가 받는 충격**

볼 수 있다. 이것은 자동차가 급브레이크를 잡음으로 해서 급정거하는 모습이다. 여기서 급정거한다는 것은 자동차 바퀴가 아스팔트 면의 마찰면을 이용하여 급히 진행을 막은 것이다. 그러나 겨울에 빙판 위를 달리던 자동차는 급브레이크를 이용하여 급정거하려고 해도 잘 되지 않고 긴 거리를 미끄러져 간다. 이것은 자동차의 바퀴가 얼음 위에서 마찰을 별로 받지 않았기 때문이다.

마찰력의 방향은 항상 운동을 방해하는 방향이다. 경사면을 미끄러져 내려오는 물체에는 경사면을 따라 위쪽으로 향하는 마찰력이 작용한다.

외부에서 가한 힘이 75N이므로 운송상자는 오른쪽으로 미끌어진다. 75 N의 마찰력이 운송상자에 작용하므로 운송상자에 작용하는 알짜 힘이 0이 된다. 따라서 운송상자는 일정한 속도로 미끄러진다. 물론 이때에 가속도는 없다.

수평방향으로 70N의 힘으로 밀면 마찰력은 70N이다. 더 세게 90N으로 밀어보자. 이때 운송상자는 움직이려고 한다. 즉 운송상자와 마루 사이의 마찰력은 90N의 외부 힘에 저항한다. 90N이 접촉면이 견딜 수 있는 최대값이라면 조금 더 세게 밀 때 접촉면은 떨어지고 운송상자는 미끄러진다. 미끄러지기 시작한 미끄럼 마찰력은 미끄러지기 전까지 형성된 마찰력보다 적다.

## ● 자유낙하

자유 낙하는 이미 갈릴레오의 실험으로 그 의미는 널리 알려졌다. 그러나 갈릴레오는 가속도와 관성의 개념을 발견했으나, 힘에 대한 가속도와 관성의 관계를 밝혀내지는 못했다. 그러므로 여러 가지 질량을 가진 물체들이 같은 가속도로 떨어지는 이유를 설명할 수 없었다.

그럼 왜 질량이 다른 물체가 같은 가속도로 떨어지는가?

떨어지는 물체는 물체와 지구 사이에 작용하는 중력 때문에 지구 쪽으로 가속된다. 이때 물체에 작용하는 중력을 물체의 무게라고 부른다. 물체에 작용하는 힘이 단지 중력 뿐이라면, 즉 공기저항과 같은 힘들이 무시된다면 물체는 자유낙하 상태에 있다고 말한다.

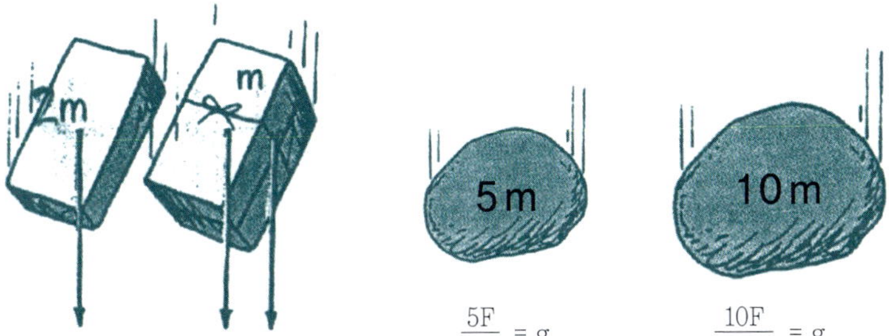


$\frac{2F}{2m} = g$　$\frac{F}{m} = g$　$\frac{5F}{5m} = g$　$\frac{10F}{10m} = g$

같은 높이에 있는 물체인 경우에는 무게(F)와 질량(m)의 비는 모두 같다.
따라서 공기저항이 없는 경우에 가속도는 똑같다.

무거운 물체는 가벼운 물체보다 더 큰 힘으로 지구쪽으로 끌린다. 그러므로 물체의 '무게' 만을 생각한다면 '가속도' 는 무거운 물체일수록 더욱 빠르다. 그러나 가속도는 물체의 질량에도 관계가 된다. 이 질량은 가속을 저항하여 오히려 가속을 막는다. 물체는 '무게' 와 함께 '질량' 도 가지므로, 무게는 물체를 더욱 가속하지만 질량은 가속에 저항하므로 결국 물체는 같은 크기로 가속된다.

자유낙하 물체의 가속도는 무게와 관계없다. 질량이 조약돌의 100배가 되는 바위에 조약돌에 작용하는 힘보다 100배 큰 힘이 가해져도, 운동변화에 대한 저항이 100배로 커지므로, 바위는 조약돌과 같은 가속도로 낙하한다.

### ● 공기 중에서 낙하할 때

이상에서 진공 속에서 낙하하는 물체의 운동은 모두 같음을 알 수 있다. 그렇다면 공기 중에 낙하하는 물체들의 운동은 어떻게 될까? 진공 중에서는 깃털이나 동전이 같은 속도로 떨어지지만 공기 중에서는 전혀 다르게 떨어진다. 공기 저항이 무시될 수 있는 진공에서 낙하하는 물체에 작용하는 힘은 중력 뿐이므로 '알짜 힘' 은 무게 만이다. 그러나 공기 저항이 있으면 알짜 힘은 무게와 공기 저항력의 차와 같아진다.

낙하하는 물체에 작용하는 공기 저항은 주로 두 가지 점에 관계된다. 첫째로 낙하하는 물체의 크기에 좌우된다. 즉 떨어질 때 물체가 헤치고 나아가야 하는 공기의 양에 관계된다. 둘째로 낙하 물체의 속력에 관계된다. 다시 말해서 속력이 커질수록 물체와 충돌하는 충돌력(공기와 물체의 충돌)도 커진다.

> 그러므로 공기 저항은 낙하하는 물체의 '크기' 와 '속력' 에 관계된다.

공기 중에서 떨어뜨린 깃털은 잠깐 가속된 후 일정한 속도로 땅 위로 떨어진다. 깃털에 작용하는 공기의 저항력은 깃털의 무게와 같아질 때까지 급격히 증가한다. 따라서 깃털에 작용하는 알짜 힘은 급격히 0에 접근하여 더 이상 가속되지 않는다. 깃털은 아주 가볍고 상대적으로 넓은 면적을 가지고 있으므로 깃털의 무게와 같은 공기 저항 때문에 빠르게 떨어질 수 없다.

비행기 위에서 두 개의 물체를 낙하산으로 낙하시킨다고 가정해 보자. 하나는 한 개의 박스이며, 다른 하나는 같은 크기의 두 개의 박스를 함께 묶은 것이다. 이 때 낙하산의 크기가 같으므로 같은 속력에서 낙하산에 작용하는 공기  저항은 같다.

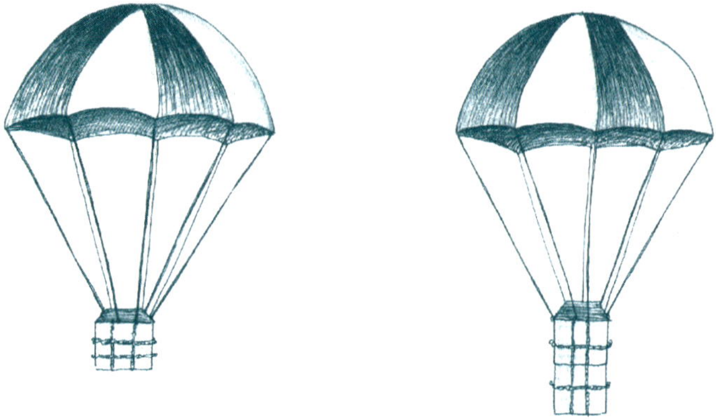

공기 저항과 무게가 상쇄되므로 무거운 물건이 가벼운 물건보다 빠르게 떨어져야 한다.

이 때 어느 것이 먼저 땅에 떨어질까? 두 개의 박스를 묶은 것이 먼저 떨어진다. 그것은 첫째 낙하산의 크기가 같으므로 같은 속력에서 낙하산에 작용하는 공기 저항은 같다. 그러나 두 개의 박스를 묶은 낙하산의 무게가 더 나가므로 더 빨리 떨어진다. 자유낙하에서 무게가 다른 물체가 동시에 떨어진다고 하는 것은 공기저항이 다르기 때문이다. 여기서 공기 저항에 대해 설명하면, 물체가 공기 중에 떨어질 때는 가속도와 공기 저항으로 일단 힘의 '평형상태'를 맞는다. 이 때 무거운 물체는 가벼운 물체보다 계속 가속되어 더 큰 속력을 갖게 되므로 먼저 떨어지게 된다.

다른 예를 하나 더 들어보자. 같은 크기의 두 개의 쇠공이 있다. 그러나 하나는 속이 비었고 하나는 속이 찼다. 다시 말해서 두 공의 공기 저항은 같고(크기가 같으므로) 무게는 다르다(하나는 속이 비고 하나는 속이 찼으므로).

두 공을 사람이 들고 눈 높이에서 땅으로 떨어뜨려 보자. 그럼 두 공은 거의 비슷하게 떨어질 것이다. 이것은 낙하거리가 짧아서 큰 속도를 얻을 수 없기 때문이다. 다시 말해서 공에 작용하는 공기 저항은 공의 무게에 비하여 너무 작다. 따라서 두 공이 땅에 도착하는 시간의 차이를 감지할 수 없다.

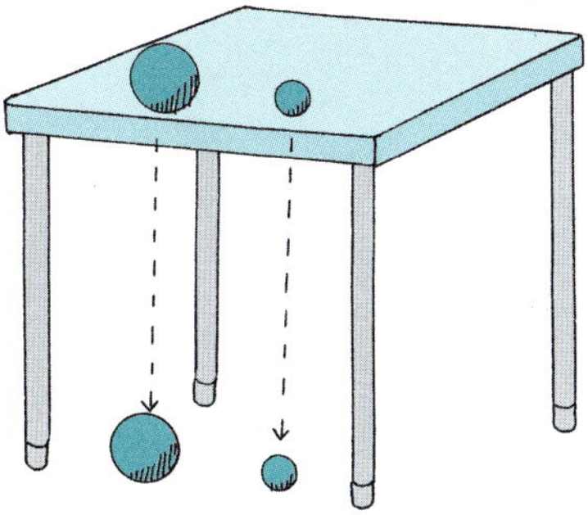

거의 같이 떨어진다.

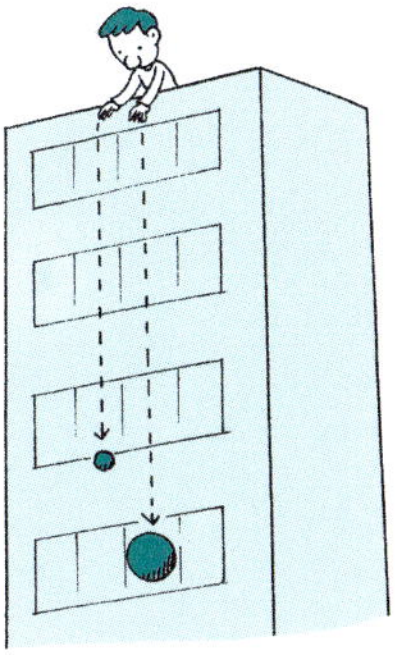

무거운 공이 먼저 떨어진다.

이번에는 낙하 거리가 긴 빌딩의 옥상에서 지상으로 떨어뜨려 보자. 그러면 무거운 공이 먼저 떨어질 것이다. 이것은 높은 곳에서 공이 떨어지면서 무거운 공에 비해 가벼운 공은 더 큰 공기 저항을 받게 된다. 즉 공의 크기가 같으므로 같은 속력일 때 작용하는 공기 저항은 같으며, 이 때 공기 저항은 가벼운 공의 무게보다 크고, 무거운 공의 무게보다는 작을 것이다. 따라서 공기 저항이 같은 순간에 두 공의 가속도는 다르게 된다. 여기서 주의해야 할 것은 가속도를 생각할 때는 '가속도는 알짜 힘과 질량의 비와 같음'을 잊어서는 안 된다. 알짜 힘이 감소하면 가속도도 감소한다. 공기 저항이 물체의 무게와 같아질 때는 알짜 힘이 0이 되고, 가속도도 0이 된다.

**확인문제 2**

1. A, B 두 사람이 자전거에 물건을 싣고 달린다. A는 상자 1개를 싣고 가고, B는 같은 무게의 상자 2개를 싣고 간다. 이 때 A와 B의 가속도는 어느 것이 큰가?
2. 목욕탕에 있는 두 저울에 체중이 동등하게 나누어지도록 저울 위에 섰다. 두 저울이 가리키는 눈금은 어떻게 될까? 한쪽 발에 무게가 더 실리도록 서 있다면 저울의 눈금은 어떻게 될까?

답 1. A가 B보다 두 배가 더 크다.
2. 두 저울 눈금의 합은 바로 체중이다. 저울에 무게가 균등하게 가도록 선다면 각 저울의 눈금은 체중의 반을 나타낼 것이다. 만일 한 쪽으로 기울어 선다면 한쪽 저울은 체중의 반보다 큰 눈금을 보일 것이며, 다른 저울은 체중의 반보다 작은 눈금을 보일 것이다. 그러나 이들 두 눈금을 합하면 전체 체중이 될 것이다. 예를 들어 한 저울이 체중의 2/3을 나타내면 다른 저울의 눈금은 1/3를 나타낼 것이다.

# 피뢰침 이야기

– 프랭클린 –

1. 전기 이야기

5

## 1. 전기 이야기

전기 현상은 우리 주위에서 여러 형태로 나타난다. 비오는 날의 번개, 양탄자에서의 방전 현상, 머리를 빗으로 빗을 때와 플라스틱 필통을 옷에 문질렀을 때에 정전기 현상이 나타난다. 그리고 우리는 이런 현상이 왜 일어나는지에 대해 대강은 알고 있고, 우리 생활은 이런 전기를 편리하게 이용하고 있다. 현대 생활에서 전기는 없어서는 안 될 존재이다.

그러나 옛날에는 달랐다. 그들은 전기를 생활에 이용하는 것은 물론이고 전기의 정체나 전기란 물질이 있는지조차 몰랐다. 고대 그리스의 한 철학자는 '호박' 이란 물건은 마찰하면 보릿짚이나 마른 나뭇잎 등의 작은 물체를 끌어 당기는 것을 알고 있다. 그러나 이런 발견은 계속하여 연구되지 못하였고 18세기에 이르러서야 이런 연구와 실험이 급격히 발전하기 시작하였다.

스티븐 그레이(Stephen Gray, 1670~1736)는 1720년부터 1730년의 10년에 걸쳐 자기 집에서 극히 간단한 장치를 써서 '물질에는 전기를 전하는 것과 전하지 않는 것이 있음' 을 증명하였다. 이 실험에서 그는 길이가 약 1m, 직경 1인치 되는 유리막대를 마찰하여 전하를 얻었다. 대전된 유리막대는 작은 새털이나 '금속박' 을 끌어당겼다. 또 이 막대에 손을 댔을 때 짜릿한 자극을 느꼈다.

그는 최초의 실험에서 사용한 장치의 주요 부분은 튼튼한 뜨개실을 아주 길게 늘여뜨린 것이었다. 천장에 명주실로 만든 고리를 나란히 매달고 이 고리를 통해서 이 뜨개실이 수평이 되게 만들었다. 그레이가 대전시킨 유리막대를 실 한쪽 끝에 대고 실의 다른 쪽 끝에는 작은 새털을 가까이 가져가 보았더니 새털이 실 쪽으로 끌려가 붙었다. 여기서 그는 전기가 유리에서 실 - 약 300m의 거리 - 로 전해 갔다는 것을 알았다.

다음에 그레이는 명주실로 만든 고리 대신에 놋쇠 철사로 만든 고리 두개를 천장에 매달았다. 여기에 뜨개실을 걸고 같은 실험을 해 본 결과 전하가 뜨개실 다른쪽 끝으로 전해지지 않는 사실을 발견했다. 이 놋쇠로 만든 고리는 명주로 만든 고리와는 분명히 달랐다. 즉 전기는 '실을 얹고 있는 놋쇠 고리에 이르렀을 때 이것을 통해서 천장으로 흘러가 버렸기' 때문이다. 사실 전기는 놋쇠 고리를 거쳐서 천장으로 옮겨가 거기서 '없어졌다.' 그러나 먼저 한 실험에서는 전기는 명주로 만든 고리를 통해서 천장으로 흘러가지 않았음을 나타냈다.

이로써 그레이는 전기가 어떤 물질은 전기가 통하고 어떤 물질은 전기가 통하지 않는다는 사실을 알게 되었다. 그러나 그가 알게된 전도에 관한 물질의 종류는 극히 적어서 약간에 불과하였다.

나아가 그는 전기의 전도와 절연에 관한 일련의 실험을 하기로 작정했다. 이 실험에서는 일상생활에 쓰는 도구들을 사용했다. 가령 명주끈을

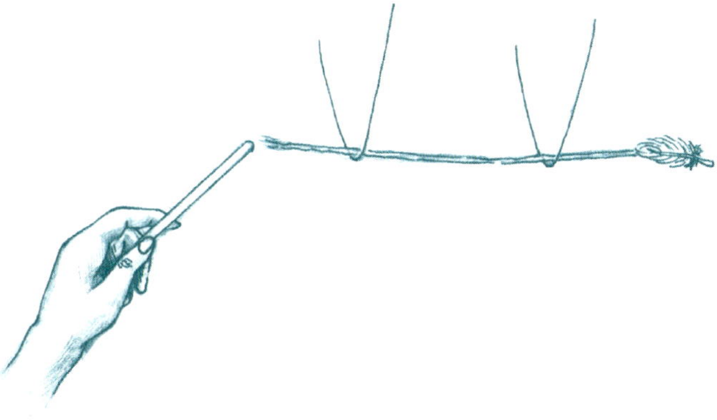

천장에 매달고 아래쪽 끝에는 부엌에서 사용하는 부젓가락을 매달았다. 다음 대전시킨 유리막대를 부젓가락 한쪽 끝에 대고 다른 쪽 끝에 새털을 가까이 가져갔다. 그랬더니 새털이 부젓가락 끝에 끌려가서 붙었다. 여기서 그는 쇠로 만든 부젓가락이 전기를 전하는 것을 발견했다.

같은 요령으로 명주끈에 매단 물건에는 구리로 만든 주전자, 소뼈, 불에 달군 부젓가락, 세계지도 등이 있었다. 그 각각의 한쪽 끝에 대전시킨 유리막대를 대고 전기가 물체를 통해서 다른 쪽 끝에 전해지는가를 조사했다. 이런 실험의 결과 그레이는 많은 물질을 전기의 전도체와 절연체로 나눌 수 있었다.

그는 이번에는 사람의 몸이 전기를 전하는가를 알아보기 위하여 그가 데리고 있는 종업원을 쓰려고 했다. 그는 아주 길고 튼튼한 명주끈을 두 가닥 준비하고 그 각각의 양끝을 천장에 매달아서 그 아래쪽에 두 개의 고리를 만들고 종업원 중에 '사람이 좋고 건장한 젊은이'를 공중에 매달았다. 즉 젊은이를 바닥에 눕게 하고 끈 하나로 어깨 쪽을 걸고 다른 끈으로 끌어 올려서 젊은이가 수평으로 공중에 뜨게 했다. 그레이는 유리막대를 마찰하여 대전시켜서 그것을 젊은이의 발바닥에 댔다. 그런 뒤 젊은이의 머리에 손을 대 보았더니 짜릿한 자극을 받았다. 이 실험을 통해 그는 전기가 젊은이의 몸을 통해서 끝에서 끝까지 전해진 것을 알 수 있었다.

다른 실험에서는 한쪽 손으로 금속막대를 쥐고 대전시킨 유리막대를 닿지 않도록 조심하면서 될 수 있는 대로 가까이 가져갔다. 이 두 막대의 좁은 간격 사이를 전기는 불꽃을 튀기고 작은 폭음과 같이 빠짝하는 소리가 들렸다.

지금은 약간의 교육을 받은 사람이라면 이런 현상이 나타나는 이유를 알고 있다. 그러나 아직 전기의 실체를 자세히 알지 못하는 그 시대에 이런 사실은 여간 신기한 일이 아니었다. 그러나 이런 전기적인 반응은 불꽃이나 자극을 뜻하는 것이며, 생활에는 별 쓸모가 없는 것이라고 생각했다.

이러한 실험의 결과는 더욱 널리 알려졌으며, 따라서 전기에 대한 관심도 높아지기 시작하였다. 프랑스의 과학자 겸 신부인 놀레(Abbe Jean Antoine Nollet, 1700~1770) 신부는 그 자신도 그레이의 실험을 직접 확인해 보기로 하고 그 역시 소년을 명주끈으로 매달았다.

그리고 소년의 손을 금속박을 싸놓은 탁자에 손을 가까이 가져가게 했다. 그런 다음 소년에게 대전할 막대기를 대었더니 금속박이 상에서 튀어 올라와 소년의 손에 붙었다. 구경꾼들은 이것을 보고 놀랐다.

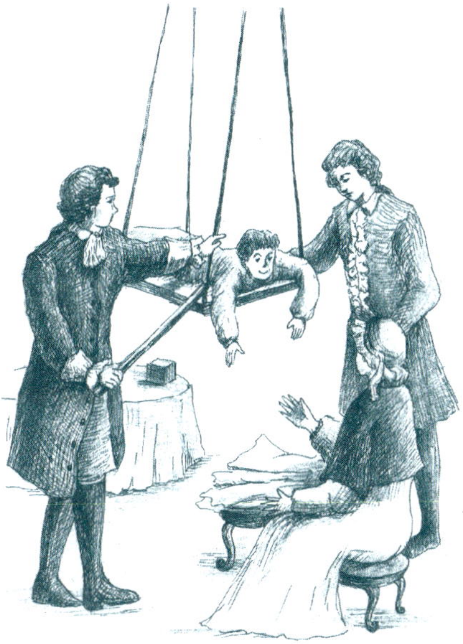

다른 실험에서는 신부는 농료 과학자를 수평으로 매달고 대전시킨 유리막대를 그의 발에 대었다. 다음, 신부는 자신의 손을 동료의 얼굴에서 약 1인치 되는 곳으로 가져갔다. 그랬더니 빠짝하는 소리와 동시에 둘이다 핀으로 찔린 것 같은 가벼운 아픔을 느꼈다. 깜깜한 방안에서 이 실험을 되풀이한 결과 〈불꽃〉이 동시에 얼굴에서 놀레 신부의 손으로 튀는 것을 관찰할 수 있었다. 이 두 과학자는 이런 일을 예상했지만 너무나 생소한 현상이어서 후일에 신부는 인간의 몸에서 처음으로 끌어낸 불꽃을 보고 느낀 흥분은 일생 잊을 수 없다고 말했다.

## ● 라이든 병의 발명

1740년경까지는 과학자들이 실험할 때 유리막대나 유리관을 손으로 문질러서 전기를 얻었다. 그보다 훨씬 이전에 기전기가 발명되기는 했으나 좀처럼 보급되지 않았다. 전형적인 기전기는 유리원통에 핸들을 장치하고 명주 쿠션으로 이 유리원통을 가볍게 누르도록 되어 있었다. 핸들을 돌리면 유리원통이 회전하고 쿠션과 마찰하게 된다. 이 마찰로 전기가 얻어지는 것이다. 다음 이 기전기와 대전시키려는 물체 사이에 긴 금속관을 걸쳐서 전기를 물체에 옮긴다.

1746년 라이든 대학의 교수 페터 판 무센브룩(Pstervan Musschenbroek, 1692~1761)이 대전된 물체를 그대로 방치해 두면 곧 전하를 잃어버리는 것을 보고 대전된 물체를 절연체로 완전히 둘러싸 버리면 전하가 상실되는 것을 막을 수 있지 않을까 하는 생각을 했다. 그는 이 생각을 검증하려고 유리병에 담은 물을 대전시키기로 했다.

그는 이번에는 긴 엽총을 사용하기로 하고 총신 한 끝에 놋쇠로 만든 사슬을 달고 다른 쪽을 기전기에 접촉시켰다. 조수로 일하던 과학자인 쿠내우스가 물을 담은 병을 들고 놋쇠 사슬이 물 속에 잠기도록 했다. 무셴브룩은 기전기의 핸들을 돌렸다.

발생한 전기는 총신에 전달되고 놋쇠 사슬을 거쳐서 물에 들어갔다. 잠시 후 손으로 병을 들고 있던 쿠내우스는 아무 생각없이 다른 한 손으로 총신을 잡았다. 그 순간 그는 벼락을 맞는 것 같은 충격을 받았다. 팔과 다리가 마비를 일으켜 잠시 움직이지 못했다. 그러나 몇시간 지난 다음 마비는 곧 풀렸다. 후에 무셴브룩은 이 사실의 전말을 어느 유명한 프랑스 과학자에게 보낸 편지에 '프랑스 왕국 전부를 준다고 해도 나는 두

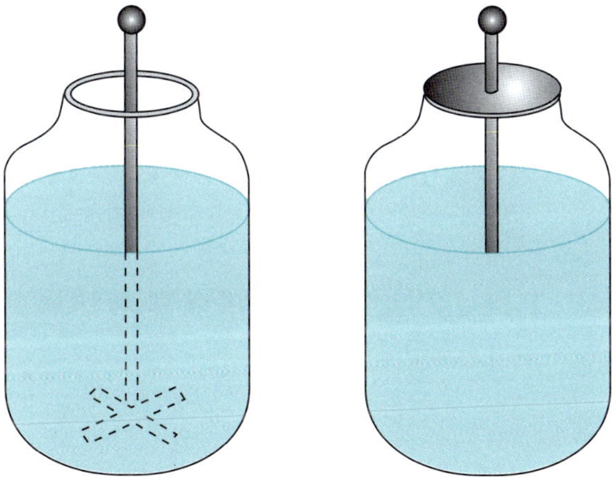

라이든병

번 다시 그런 충격을 받고 싶지 않다.' 고 했다.

그러나 이런 실험을 통해서 전기를 물이 들어 있는 병에 저장할 수 있다는 대단히 중요한 사실을 발견하게 되었다. 이와 같은 실험은 계속되었다. 이번에는 병을 쓰기 편리한 모양으로 개량하였다. 따라서 놋쇠사슬을 밖에서 드리우지 않아도 되었다. 그 대신 병에 코르크마개를 끼우고 거기에 놋쇠막대를 꽂았다. 막대꼭대기는 공 모양으로 만들고 아래쪽은 짧은 놋쇠사슬을 달아서 병에 담은 안에 잠기도록 만든다. 충전할 때는 놋쇠의 둥근 부분을 기전기에 전기적으로 접촉시킨다. 1748년에는 물 대신에 금속박을 병 안쪽면에 붙인다. 바깥면에도 그림과 같이 안쪽과 같은 높이로 금속박을 붙인다(왼쪽 병은 금속박 때문에 보이지 않는 막대 부분을 점선으로 나타냈다).

그러나 이 병의 발견에 관한 이야기는 여러 가지로 전해지고 있다. 또 한 사람의 과학자 폰 클라이스트(E.G. von Kleist, 1700~1748)도 무센브룩과는 별도로 거의 같은 시대에 이 병을 발견한 것 같다. 그러나 어쨌든 이 병은 라이든 병(Leyden jar)이라고 부르게 되었다.

라이든 병은 충전됐을 때는 주의해서 취급하지 않으면 안 된다. 이 병을 손으로 들고 다른 손으로 둥근 놋쇠구를 만지면 전기 쇼크를 받는다. 많이 충전되어 있을수록 그 쇼크는 대단히 크다. 철사의 한 끝을 병 바깥면에 대고 다른 끝을 놋쇠구에 가까이 가져가면 그 사이에 불꽃이 튀고 바싹하는 폭음이 난다.

라이든 병이 발명된 뒤, 많은 사람이 관심을 갖게 되었다. 특히 프랑스의 과학자 놀레 신부는 라이든 병을 써서 많은 실험을 했다. 그 실험들은 전기가 전달될 수 있는 거리, 전기가 전도되는 물질의 종류, 전기가 움직이는 속도 등을 조사하기 위하여 설계된 것이었다. 그의 실험 중에서 두 가지는 신분이 높은 사람들 앞에서 행해졌다.

프랑스 왕과 그 신하들이 지켜보는 가운데 180명의 근위병들이 서로 손을 잡고 한곳은 떼어 놓고 둥글게 원을 만들게 하였다. 한쪽 끝 병사는 충전된 라이든 병 바깥쪽을 잡게 하고 다른 쪽 끝 병사에게는 라이든 병의 놋쇠구에 재빨리 손을 대게 하였다. 모든 병사들이 차려 자세를 취하고 두 병사가 명령대로 시행했다. 그 순간 모든 병사들은 심한 쇼크를 받고 전원이 하나 같이 하늘로 펄쩍 뛰었다. 많은 병사들이 한 명령에 그렇게도 빨리, 또한 동시에 따른 일은 그때까지 한번도 없었다.

영국에서는 몇몇 우수한 인사들로 이 새로운 공개 실험을 관찰하고 보고하는 위원회를 만들었다. 1747년 7월 14일 그들은 국회의사당에 가까운 웨스트 민스터 다리 위에 모였다. 다리 끝에서 끝까지 한 줄의 철사가 처졌다. 그 길이는 약 400m에 달하고 양쪽 끝은 모두 강가까지 연장했다. 한쪽 강가에서 충전된 라이든 병 바깥면을 한쪽 손으로 잡고 다른 손으로 잡은 쇠막대를 강물에 담갔다. 라이든 병의 놋쇠구는 철사에 연결되었다. 강 반대쪽에 있는 다른 한 사람은 쇠막대를 한 손으로 잡고 다른 손으로는 철사의 끝을 잡았다.

신호와 동시에 이 사람이 쇠막대를 강물에 담갔다. 그 순간 두 사람은 같이 펄쩍 뛰어 올랐다. 두 사람 다 전기 쇼크를 받은 것이다. 전기는 순간적으로 라이든 병의 놋쇠로부터 철사를 따라 다리를 건너서 사람의 몸을 통과하여 쇠막대에서 물에 들어가서 폭이 400m나 되는 강을 건너 다시 쇠막대, 사람의 몸을 통해서 라이든 병으로 되돌아 온 것이다.

전기가 테임즈 강처럼 넓은 강을 번개불과 같이 통과할 수 있다는 발견은 굉장한 것이었다. 정말로 이 정보가 불러일으킨 크나큰 놀라움은 상상할 수도 없는 일이었다.

이 실험이 있은 뒤 계속해서 같은 실험이 공개로 행해져서 전기는 길이가 몇 ㎞나 되는 회로도 순간적으로 흐르는 것이 증명되었다. 이런 종류의 여러 실험은 영국뿐 아니라 유럽과 미국에서도 이목을 끌었다. 이로써 전기가 오늘날과 같이 이용될 수 있는 길이 열린 셈이다.

## ● 대통령의 연날리기

유럽에서 광적인 연구와 실험의 열정은 북아메리카에까지 이르렀다. 필라델피아에 사는 한 인쇄업자는 이 새로운 화재에 깊은 흥미를 느꼈다. 그리고 가능한 한 여러 가지 실험을 하고 그밖에 실험 가능한 것들에 대해 설명을 하여 런던으로 편지를 썼다. 그 편지에 그는 또 번개와 전기는 여러 가지 점에서 같다고 생각하며 그 이유를 들었다. 그 인쇄업자는 당시 40세로 이 인쇄업자가 이후에 미국의 독립선언서에 서명한 다섯 사람의 하나며 그 뒤 미국의 대통령이 된 벤자민 프랭클린(Benjamin Franklin, 1706~1790)이다.

프랭클린의 전기에 관한 편지는 대단한 평판을 얻어 프랑스어로도 번역되었다. 그리하여 프랑스의 유명한 과학자 달리바르는 번개와 전기가 같다는 것을 검증하기 위해 구름에서 번개를 끌어내어 지상으로 가져오는 실험을 했다.

1752년 봄 달리바르는 이 실험의 준비를 위해 쾨피에라는 늙은 병사를 고용했다. 이 사람은 군대를 마치고 목수로 일하고 있었다. 쾨피에는 필요한 장치를 만들라는 명을 받고 파리에서 25㎞ 가량 떨어진 마를리라는 마을에 있는 어느 오두막집에서 그것을 조립했다. 그는 '전기의자' 를 만들었는데 포도주병을 세 개 세우고 그 위에 나무판자를 올려놓은 것이었다(유리는 전기를 전하지 못하기 때문에 병은 절연의 역할을 했다). 또 길이가 약 40m 직경 1인치되는 쇠막대를 구해서 이것을 의자에 매어 그 한 끝을 공중 높이 세웠다. 달리바르는 지혜와 용기를 겸한 쾨피에에게 최초의 먹구름이 가까워지면 곧 오두막집에 달려가도록 말해두었다. 그는 또한 쾨피에에게 놋쇠철사의 한끝을 유리병 — 이것이 전기를 절연시킨다 — 속에 끼우고 손으로 잡아도 감전되지 않게 만든 것을 주면서 이 철사를 쇠막대 곁에서 들고 있으라고 일렀다.

드디어 실험 준비를 마치고 실험에 들어갔다. 1752년 5월 10일 오후, 콰피에는 먹구름이 몰려오고, 우당탕탕하는 뇌성이 나자 오두막집으로 달려갔다. 그는 놋쇠철사를 들고 쇠막대 가까이 가져갔다. 곧 쾅 하는 소리가 나고 밝은 불꽃이 막대에서 철사로 튀었다. 다음 두 번째 불꽃이 일어났다. 이것은 처음 것보다 더욱 밝고 소리도 컸다. 그전에 달리바르는 무슨 이상한 소리가 나면 승려를 데려다 관찰한 것을 기록해 두라고 일러 놓았다. 그래서 콰피에는 승려를 불렀다. 승려는 전갈을 받고서 곧 오두막집으로 달려왔다. 이런 어수선한 움직임을 본 마을 사람들은 그 실험에 참여한 사람 중 누군가는 벼락에 맞아 죽었을 것이라고 수군대었다. 몇 사람은 오두막집으로 달려가 그 참상이 어떠한지 직접 보기 위해 그 실험 장소로 달려갔다. 그러나 오두막집 안에는 아무도 다친 사람이 없었으며, 그들은 모두 실험에 열중하고 있었다. 한 사람은 손으로 철사를 잡고 그 한끝을 쇠막대에 가까이 가져가고 있었다. 곧 1인치 반 정도의 푸른 불꽃이 철사와 막대 사이에서 튀고, 동시에 강한 황 냄새가 났다. 뒤이어 또 한번 불꽃이 튀어 이번에는 신부의 팔을 쳐서 심한 아픔을 느끼게 했다. 그의 팔이 철사보다 쇠막대 쪽에 더 가까이 있었기 때문이다. 그의 팔을 걷어 보았더니 맨살을 철사로 때렸을 때와 같은 흉터가 나 있었다. 승려 곁으로 몰려 간 사람들은 그의 몸에서 강한 황 냄새가 났다고 말했다.

이 실험 이야기는 급속히 퍼져서 며칠 뒤에는 국왕의 부탁으로 같은 실험을 파리에서 행하게 되었다. 국왕은 불꽃을 보고 크게 만족했다.

## ● 프랭클린의 실험

당시 북아메리카와 유럽과는 통신수단이 발달되지 않아 이런 실험의 결과가 북아메리카에 알려지기까지에는 몇 달이 걸려야 했다. 때문에 플랭클린은 프랑스에서의 이와 같은 실험 결과를 까마득히 모른 채 그 동안 자신이 생각한 대로 실험 준비를 착실히 해 나갔다. 그는 이 실험을 위해 큰 건물 꼭대기에 긴 막대를 세웠는데 긴 막대가 세워지는 동안 다른 어떤 건물보다 하늘 높이 올릴 수 있는 연을 착안했다. 그는 곧 연을 만들었는데 이 연은 과학사에서 가장 유명한 연이 되었다.

그는 가늘고 긴 나무막대 두 개를 십자형으로 만들고 큰 손수건의 네 귀퉁이를 묶었다. 세로로 된 나무에 긴 철사를 잡아매고 연 꼭대기에서 약 1피트 위로 나오게 했다. 연을 띄우는 데에는 긴 삼끈을 쓰기로 했는데 이는 '구름'에서 전기가 이 젖은 끝을 통해서 손에 닿으면 연을 띄우는 사람이 심한 쇼크를 받게 되리라고 예상했기 때문이었다. 그래서 그는 손으로 잡은 삼끈 끝에 명주리본을 매달고 줄과 명주리본의 매듭에다

쇠로 된 큰 열쇠를 매달았다. 이는 부도체인 명주리본을 손으로 잡고 명주리본이 비에 젖지 않도록 처마 밑에서 연을 올리면 쇼크를 받지 않게 되리라는 생각에서였다. 그리고 손가락을 열쇠 가까이 가져가면 줄에 전기가 흘러 내려왔는지 관찰할 수 있다. 그것은 만일 손가락 마디와 열쇠 사이에 불꽃이 튀고 쇼크를 느끼면 전기가 줄을 타고 내려온 것은 확실하다.

영국의 화학자인 프리스틀리(Joseph priestley, 1733~1804)는 그의 저서에서 프랭클린의 실험을 다음과 같이 적고 있다.

> 프랭클린은 최초의 뇌우가 접근한 기회를 포착해서 실험에 적합한 들판의 오두막집으로 갔다. 그러나 실험이 성공하지 못했을 때 세상 사람들로부터 비웃음이 따르기 마련이므로 이것이 두려워 자기가 계획한 실험에 대해서 아들 외에는 아무에게도 알리지 않았다. 아들도 같이 가서 연 올리는 것을 도왔다.

프리스틀리는 이어서 다음과 같이 적고 있다.

> 1752년 6월 어느 날 프랭클린 부자는 명주리본과 열쇠가 젖지 않게 오두막 처마 밑에서 비를 피하면서 연을 올렸다. 연은 올라갔으나 대전한 징조가 나타나기까지는 상당한 시간이 걸렸다. 무척이나 기다렸던 구름이 하나 머리 위를 지나갔으나 효과는 없었다. 그가 실험을 단념하고 돌아설 즈음 간신히

축축한 삼끈에 전류가 흘러 내리는 징조가 나타났다. 그는 곧 손가락 마디를 열쇠에 댔는데 -그 순간 그가 얼마나 기뻐했을까는 독자의 상상에 맡긴다- 전류가 흐른 것을 확실히 보았다. 분명한 전기불꽃을 볼 수 있었다.

프랭클린 자신도 다음과 같이 말하고 있다.

"전기의 불은 열쇠에서 가까이 댄 손가락 마디에 듬뿍 흘렀다."

그는 그 후 라이든 병의 쇠구를 열쇠에 대어 충전시켰다. 이렇게 충전된 병은 보통 방법으로 충전시켰을 때와 다르지 않았다. 이렇게 그는 전기와 번개가 같다는 것을 밝혔다. 프랭클린은 번개를 구름으로부터 지상으로 끌어 내릴 수 있다는 자신의 발견을 생활에 응용하기도 하였다. 그리고 그의 생각을 다음과 같이 적었다.

> 신은 인류에 대한 자비심에서 사람들의 집이나 다른 건물들을 벼락의 재해에서 구하는 방법을 주셨다. 그 방법이란 다음과 같다. 가는 쇠막대를 준비하는데 그 한 끝을 축축한 땅속으로 3~4피트 깊이로 묻고 다른 끝은 건물 꼭대기보다 6~8피트나 위로 솟게 장치한다. 이 막대의 위쪽에는 흔히 쓰는 바늘 굵기의 약 1피트 되는 놋쇠철사를 단다. 이 장치를 한 집은 벼락의 피해를 입지 않을 것이다. 벼락은 이 뾰족한 끝에 끌려서 막대를 타고 지면으로 흐르기 때문이다.

그러나 사실 프랭클린의 이 같은 실험은 매우 위험하기 짝이 없는 것이었다. 이는 프랭클린 자신도 이미 알고 있었다. 그는 벼락이 쇠막대를 타고 내려올 때 이 막대를 만지거나 가까이 가면 매우 위험하다는 것을, 또 전기 연을 올릴 때 사용한 젖은 삼끈을 만지거나 가까이 가면 같은 위험이 생기는 것도 알고 있었다. 그 위험은 프랭클린에게가 아니라 다른 사람에게서 발생했다.

그 해 리히만(Georg Wilhelm Richmann, 1711~1753) 교수는 상트페테르부르크에서 실험을 하고 있었고, 구름에서 얻은 전기를 연구하기 위해서 장치를 하나 만들었다. 구름이 가까이 왔기 때문에 그는 자기의 장치를 점검하기 위해서 그 장치로부터 약 1피트 떨어진 곳에 머리를 두고 있었다. 조수는 당시의 일을 이렇게 기술하고 있다.

> 갑자기 주먹만한 크기의 푸른 불덩어리가 장치로부터 교수의 머리로 떨어졌다. 불꽃과 함께 피스톨을 쐈을 때와 같은 폭음이 나고 실험장치가 산산조각이 났다. 문짝이 문설주로부터 떨어져 나가 교수는 즉사하고 그의 왼발에는 푸른 상처가 남아 있었다.

소식을 듣고 달려온 의사는

> '벼락의 전기력은 교수의 머리로 들어가서 왼발로 나갔다.'

고 말했다고 한다.

## ● 피뢰침의 실용화

1753년 이후 많은 피뢰침(당시는 프랭클린의 막대라고 불리웠다)이 미국에 세워졌으며 이것은 곧 영국에도 보급되었다. 실례로 이디스토운 등대는 벼락의 피해를 막기 위해서 1760년에 막대가 장치되었고 여기저기서 피뢰침의 사용에 관해 프랭클린의 조언을 청하게 되었다. 1769년 그는 건물이 벼락의 피해를 면하는 방법에 관해서 런던의 성 폴(St.

Paul) 대사원의 원장에 조언하는 위원회의 지도적인 위원이 되었으며 1772년에는 이탈리아에서 어떤 화약고가 벼락에 맞아 파괴된 다음 바프리드에 있는 영국에 화약고의 보호에 관해 조언하는 위원회의 위원으로 임명되었다.

일부 위원들은 끝을 둥글게 하든가 편편하게 한 피뢰침을 사용하도록 권고했다. 그러나 프랭클린은 뾰족한 것을 쓸 것을 주장하고 미국에서의 경험으로 볼 때보다 효과적이라는 사실을 강조했다. 프랭클린의 조언이 채택되어 뾰족한 피뢰침이 장치되었다. 그 후 얼마 안 돼서 그 화약고에 낙뢰가 있었지만 폭발하지 않았고 피해는 극히 적었다.

이후 프랭클린은 북아메리카가 영국으로부터 독립을 하는데 적극적으로 참여했으며, 이후 북아메리카가 영국과 독립전쟁을 결정하는 데에, 또 독립선언서에 서명한 5명의 정치가 중 하나가 되었으며, 북아메리카의 독립에 적극 지원해 줄 것을 요청하기 위해 프랑스를 찾아 독립의 당위성을 설명하기도 하였다.

# 한걸음 더 나아가기

● 정전기

책받침이나 명주 헝겊으로 문지른 두 개의 고무 풍선을 가까이 가져가면 어떤 현상이 일어날까? 이때 고무 풍선은 서로 밀어내거나 서로 끌어당긴다. 이런 현상은 고무 풍선에 전기가 발생하여 풍선 사이에 전기력이 작용하기 때문이다.

이와 같이 서로 다른 물질로 된 두 물체를 마찰시킬 때 발생하는 전기를 '마찰전기' 라 하고 물체가 띠고 있는 전기를 '전하' 라고 한다. 전하의 종류에는 (+)전하와 (−)전하가 있다. 어떤 물체가 전기를 띠었을 때, 이 물체는 대전되었다고 하며, 대전된 물체를 대전체라고 한다.

모든 대전체 사이에는 전기력이 작용한다. 즉 서로 같은 종류의 전하 사이에는 서로 밀어내는 힘 '척력' 이 작용하고, 다른 종류의 전하 사이에는 서로 끌어당기는 힘 '인력' 이 작용한다.

## ● 전기력

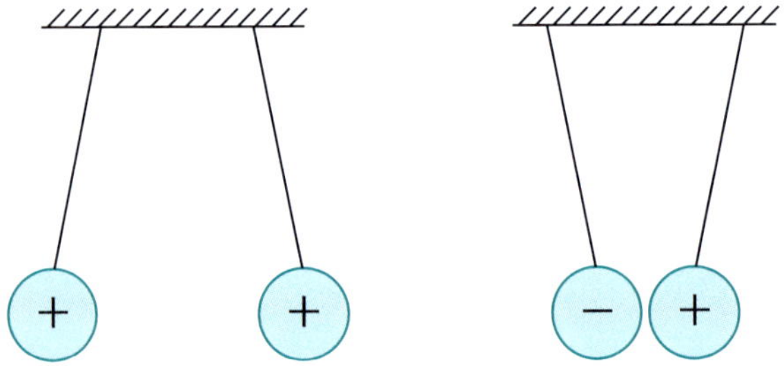


양이나 음으로 이루어진 물질 사이에는 전기력이라는 매우 큰 힘이 작용한다. 그 결과 양이나 음의 수가 서로 같도록 섞이면서 거의 완전한 균형을 이루게 된다. 따라서 실질적으로 이들 사이에는 전기적으로 밀거나 당기는 힘이 전혀 존재하지 않는다.

## ● 전하

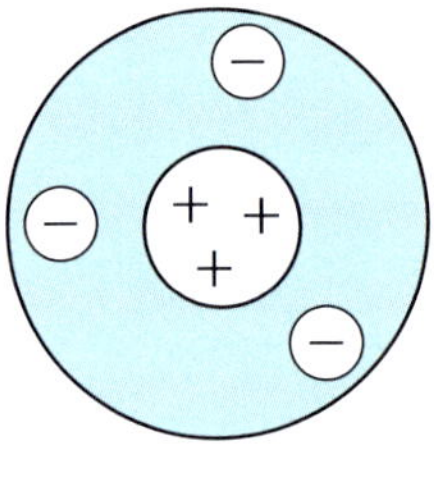

모든 물질은 원자로 구성되어 있으며 원자는 양으로 대전된 '원자핵'과 음으로 대전되어 핵 주위에 분포해 있는 전자로 구성되어 있다.

그런데 보통 원자는 원자핵의 (+)전하와 전자의 (−)전하의 양이 서로 같기 때문에 전기의 성격을 띠지 않는 것처럼 보인다.

## ● 전하의 보존

원자는 같은 수의 전자와 양성자를 가지고 있으므로 알짜전하는 0이다. 즉 양과 음이 정확히 균형을 이룬다. 원자에서 전자를 하나 제거하면 더이상 중성이 아니고 양성자의 수가 전자의 수보다 하나 많아져서 양으로 대전되게 된다. 이렇게 대전된 원자를 이온이라고 한다. 알짜전하가 양으로 대전된 원자를 양이온이라고 하며, 전자를 하나 이상 더 갖고 있는 원자를 음이온이라고 한다.

물체는 전자와 양성자의 집합체인 원자로 이루어져 있다. 일반적으로 물체는 같은 수의 전자와 양성자를 가지므로 전기적으로 중성이다. 그러나 균형이 약간이라도 깨지면 전기적으로 대전된다. 이러한 불균형은 물

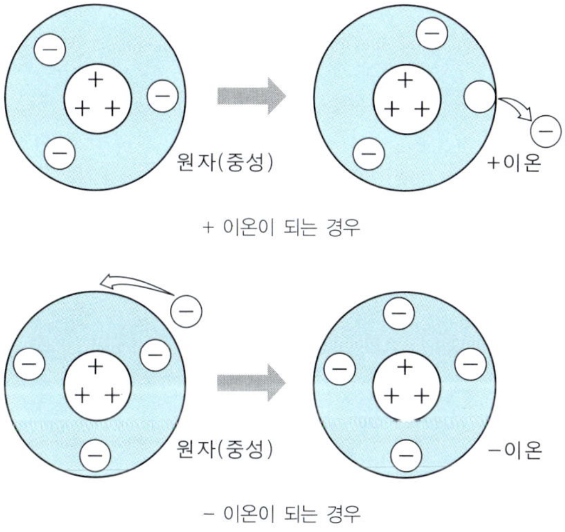


**이 온**

체에 전자가 더해지든가 제거되어 생긴다. 원자의 안쪽에 있는 전자는 핵에 강하게 구속되어 있지만, 원자의 가장자리에 있는 전자는 약하게 구속되어 있으므로 쉽게 떨어져 나갈 수 있다. 물체의 전자수가 양성자수보다 많으면 음으로 대전되고, 양성자수보다 적으면 양으로 대전된다.

여기서 중요한 사실 중 하나는 물체를 대전시킬 때 전자가 생성되거나 소멸되지 않는다는 것이다. 전자는 단지 한 물질에서 다른 물질로 이동해 갔을 뿐이다. 그러므로 '전하는 보존' 된다.

### ● 대전

고무 풍선을 명주 헝겊으로 문지르면 (−)전하를 띤 전자가 명주 헝겊에서 고무 풍선으로 이동한다. 이와 같이 중성인 두 물체는 마찰하면, 전자가 한 물체에서 다른 물체로 이동한다. 따라서 두 물체는 (+)전하와 (−)전하의 양이 서로 같지 않아서 각각(+), (−)로 대전된다.

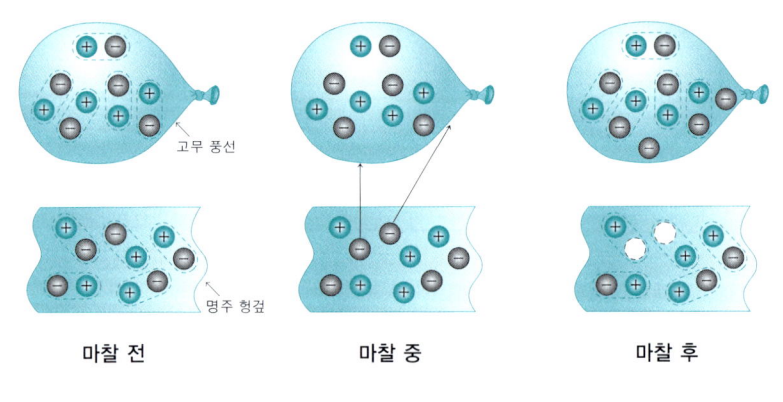

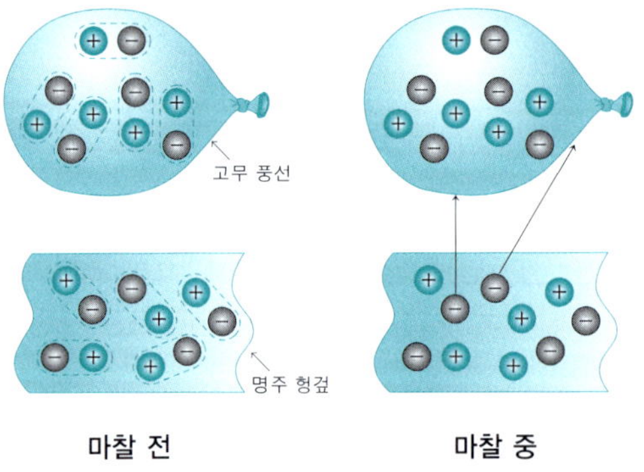

대전에는 두 가지 종류가 있다. 하나는 '접촉에 의한 대전' 이고 또 하나는 '유도에 의한 대전' 이다.

### 접촉에 의한 대전

물질들의 마찰에 전기적 효과는 잘 알고 있다. 거울 앞에서 머리를 빗을 때 방전소리를 들을 수 있으며, 어두운 방에서는 이런 현상을 눈으로 볼 수 있다. 양탄자 위를 걸은 후에 문의 손잡이를 잡으려고 할 때도 정전기가 일어나서 손에 순간적으로 전기충격이 오는 것을 느낄 수 있다. 이런 현상은 다른 물질들이 서로 접촉하여 전자가 이동하기 때문이다. 이것을 접촉에 의한 대전이라고 한다.

### 유도에 의한 대전

대전된 막대를 도체 표면에 가까이 가져가면 도체에 접촉시키지 않고도 도체 내의 전자를 이동시킬 수 있다. 이것을 유도에 의한 대전이라고 한다.

다음 그림과 같이 두 개의 도체 물체가 있다고 하자. 그림 ①에서는 두 도체 물체가 접촉해서 하나의 중성체가 되었다. 여기에 그림 ②와 같이 음으로 대전된 막대를 물체 A에 가까이 가져가면 물체 안의 양전하가 막대에 이끌려 가고, 음전하는 막대로부터 멀리 밀려간다. 다시 말해 전하가 다시 배치된다. 여기서 막대를 그대로 유지시키면서 그림 ③과 같이 물체

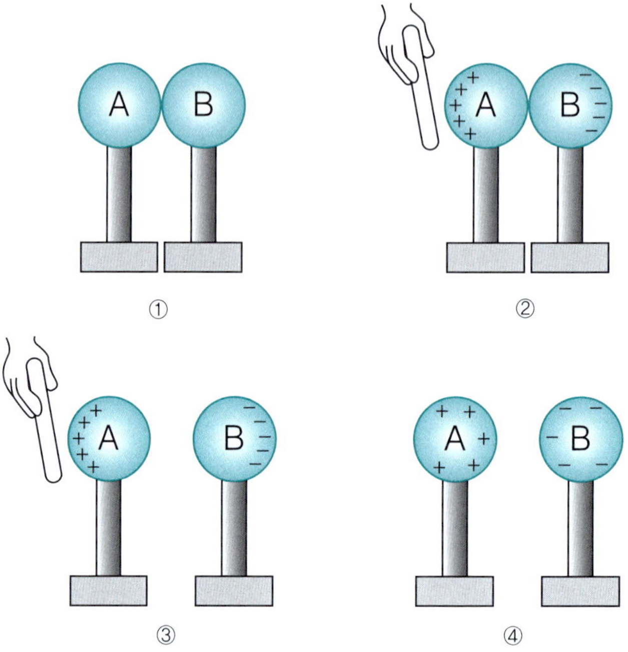


B를 A로부터 띄어 놓은 후에 막대를 치우면 그림 ④와 같이 반대로 대전된다. 이제 두 물체는 유도에 의해서 대전되었다. 대전된 막대는 물체를 접촉한 적이 없기 때문에 원래의 전하량은 그대로 유지하고 있다.

음으로 대전된 구름의 밑부분이 지면을 양으로 대전되도록 유도한다.

또 번개가 칠 때도 유도에 의한 대전이 일어난다. 오른쪽 그림처럼 음으로 대전된 구름 밑바닥이 지구의 표면을 양으로 대전시킨다. 앞의 이야기에서 우리는 벤자민 프랭클린의 연을 이용한 번개 실험을 보았다. 번개는 구름과 반대로 대전된 땅 또는 서로 다르게 대전된 구름들 사이의 방전 현상이다.

**확인문제 1**

1. 양탄자 위를 걸으면서 다리의 전자를 문질러 떼어내면 어떻게 대전되는가?
2. 그림 ①의 A와 B 물체에 같은 양의 전하가 유도되는가?
3. 그림 ①의 음으로 대전된 막대는 물체들이 대전되기 전과 후에도 같은 양으로 대전되어 있는가?

답 ① 전자의 수가 적어져서 양으로 대전된다. 양탄자는 음으로 대전된다.
② 전하를 A에서 B로 옮기면 A와 B는 정확히 같은 양이며 서로 반대로 대전된다.
③ 그림 ①의 대전 과정에서는 막대와 구와는 아무런 접촉이 없었다. 그러므로 같은 양으로 대전되어 있다.

# 빛과 색

1. 빛

2. 색에 대하여

6

## 1. 빛

### ● 빛의 성질

우리가, 흔히 사물이 보인다는 것은 그 사물이 발하는 빛 혹은 그 사물이 반사하는 빛이 눈에 들어온다는 것이다. 그렇다면 빛이란 무엇일까? 빛을 내뿜는 물체에는 태양, 전등, 촛불, 폭죽 등이 있으며, 이 빛이 내뿜는 현란한 색채로 인해, 인간은 더욱 빛에 대해 궁금증을 가져왔다.

피타고라스 학파는 눈에 보이는 물체는 모두 입자를 방사하고 있다고 하였고, 아리스토텔레스는 빛은 물결처럼 나아가는 것이라고 주장했다. 이들의 생각은 그후 2000년 정도 지나고나서 복잡한 실험장치에 의한 연구가 진행됨에 따라 점점 개선되었으나, 아직도 그리스 인에 의해 시작된 논쟁의 핵심은 미해결의 장으로 남아 있다.

파동설(波動說)을 지지하는 일파는 빛은 물결과 같은 성질을 가지고 있으며, 조용한 연못의 수면을 퍼져가는 잔물결처럼 공간 내를 빛의 에너지가 미끄러져가는 것이라고 생각했다. 입자설(粒子說)을 주장하는 일파는 빛은 수도관 꼭지에서 흘러나오는 물방울처럼 입자가 튀는 것이라고 주장했다. 이 두 가지 설은 오랜 동안 시소 게임처럼 우세했다가 쇠퇴했다가 하다가 20C 초엽에 결론에 이르렀다. 결론은 양 설(說)이 다 옳다는 것이었다.

그러나 고대인들이 발견한 것 가운데 확실한 것은 빛은 직진하며 거울 같은 물질에 닿으면 반사하고, 그 반사하는 각도는 입사각(거울에 닿는 각도)과 반사각(반사하는 각도)은 항상 같다는 것이다.

그후 사람들은 빛의 성질 가운데 옛부터 모든 사람이 알아차리고는 있었으면서도 아무래도 설명의 방도가 없었던 현상이 있었다. 한 개의 막대를 어떤 각도로 수중에 세우면, 물속의 부분은 똑바로 보이지 않고, 기울어져 보인다는 사실이다. 이 의문을 해명한 사람은 네덜란드 수학자 빌르브로드 스넬로 1621년의 일이었다. 그의 설에 의하면, 하나의 투명한 매질(파동을 전해주는 역할을 하는 매개 물질)을 나와 다른 매질에 들어가는 광선은 보통 그 경계면에서 굴절한다. 즉, 일부는 헤론의 원리에 따라 반사되지만, 나머지 부분은 제2의 매질에 들어간다. 막대가 제2의 매질에서 굽은 것처럼 보이는 것은 막대의 상을 눈까지 운반하는 광선이 매질의 경계면에서 굴절하기 때문이다.

여기에서, 광선이 물에 들어갈 때 굴절하게 된다면 빛이 직진한다고 말한 그리스인의 생각은 틀린 것이 아닐까 하는 의문이 생긴다. 그러나 스넬은 이것을 부정했다. 광선이 물에 들어갈 때 굴절한다는 사실은 빛이 새로운 매질에 들어갈 때에 조금 빗나갈 따름인 것으로, 수면에 닿을 때엔 방향이 약간 바뀌지만 수중에선 역시 빛은 직진한다는 것이다.

스넬은 더 나아가 공기, 유리, 물 등 갖가지 투명물질 속에서 빛이 굴절하는 현상을 측정하여, 물질에 따라 빛이 굴절하는 도수가 다름을 알았다. 그 굴절의 원리를 발견하기까지에는 오랜 세월과 주의깊은 노력이 필요했다. 왜냐하면 당시엔 그 굴절이라는 현상이 일견 굉장히 모순된 막연한 것으로 생각되고 있었기 때문이다. 그러나 그런 생각은 곧 바로 잡을 수 있는 것이, 빛이 물 표면을 수직으로 닿을 때는 굴절하지 않는다는 사실을 확인했기 때문이다.

## ● 빛의 굴절 방향

빛이 굴절하는 것은 알 수 있었으나, 빛이 왜 굴절하는지에 대해서는 알 수 없었다. 그러나 1678년 네덜란드 사람인 크리스찬 호이헨스는 빛이 굴절하는 이유를 알기 쉽게 설명했다. 그의 설명에 의하면 어떤 물질의 굴절률은 빛이 그 속을 나아가는 속도에 의해 결정된다고 했다. 그는 빛을 물결과 같은 현상으로 보고, 물질의 굴절률이 클수록 빛은 그 속을 천천히 나아갈 것이라고 주장했다.

빛의 굴절 원리를 이해하고 난 뒤부터는 이를 이용한 여러 가지 과학 기계가 속속 만들어졌다.

호이헨스가 이미 밝혔듯이 빛은 굴절률이 높은 물질에서 낮은 물질, 예컨대 유리에서 공기로 나아갈 때 경계면에 일정한 각 이상의 각도로 닿는 경우에는 크게 굴절하여 조금도 흩어지지 않고 모두 반사되고 만다.

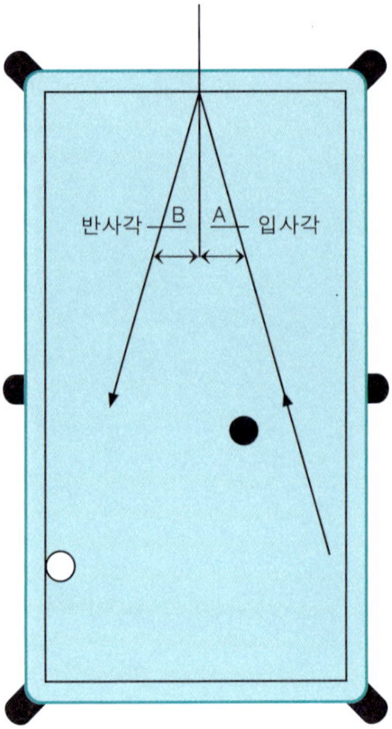


**당구로 보인 반사의 법칙**

빛의 반사현상은 '입사각은 반사각과 같다'는 반사 전반을 지배하는 물리학 법칙에 따르고 있다.

끝으로 굴절에 관해서 빠뜨릴 수 없는 것이 하나 있다. 그것은 빛이 굴절하는 도수는 매질만이 아니라 빛의 색에 의해서도 좌우된다는 사실이다. 적(赤)과 청(靑)의 두 줄기 광선을 양면이 평행한 두꺼운 유리에 같은 각도로 대면 청쪽이 적보다도 크게 굴절한다. 이것이 알려진 것은 위대한 물리학자인 아이작 뉴턴이 빛의 또 하나의 기본적 성질 — 백색(白色) 빛은 갖가지 색을 내포하고 있다는 사실을 발견하고 나서의 일이었다.

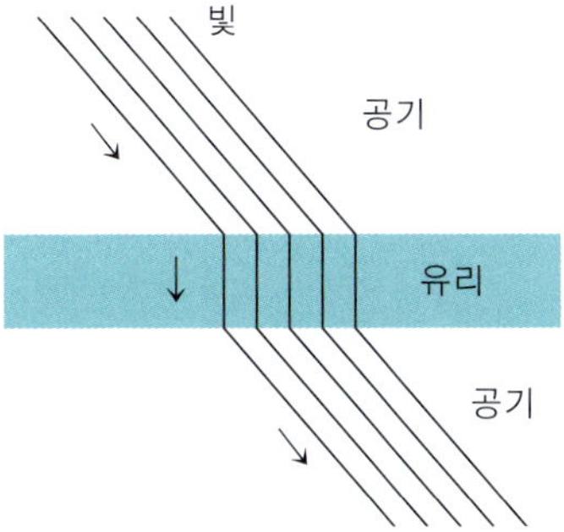


**빛과 매질(媒質)의 관계**

공기-유리-공기의 예처럼, 빛이 밀도가 작은 매질에서 밀도가 큰 매질로 나아가다가 다시 본디의 매질 속으로 나아가는 경우, 빛은 두 번 굴절한다.

빛의 운동은 단단한 도로 위에 한 군데에만 모래를 깔고 그 위에 차량을 달리게 할 때 이 차바퀴의 운동과 비슷하다. 차량이 어떤 각도로 모래사장에 이르면, 한쪽 바퀴는 속력이 떨어지나, 다른 바퀴는 아직 도로 위에 있어서 속력이 그대로이다. 그래서 차축(車軸)은 전보다 어느 각도만큼 비스듬해진다. 그 다음, 양쪽 차바퀴가 다 모래사장에 들어가면, 두 바퀴는 같은 속도로 함께 그 새로운 방향으로 나아가게 된다. 그러다가 한쪽의 차바퀴가 모래사장을 벗어나면 그 쪽이 빨라져, 본디의 각도로 되돌아온다.

## ● 빛의 스펙트럼

뉴턴은 암실 내에서 가는 광선을 프리즘에 통과시켜 거기서 나오는 광선을 패널에 비춰서 화려한 색무늬를 만들어냈다. 그것이 스펙트럼으로, 적(赤)에서 시작하여 오렌지, 황, 녹, 청, 진보랏 빛을 거쳐 보랏빛으로 끝나는 색의 계열이다. 또 거꾸로 그는 갖가지 색의 광선을 프리즘에 통과시켜 하나로 합침으로써 원래의 백색 광선을 얻었다.

이리하여, 비로소 빛이란 색의 조합이며 색은 마음대로 분산시킬 수도 있고 조합할 수도 있는 것이라는 사실이 증명되었다. 드디어 뉴턴은 색을 하나씩 분리해가서, 각각의 색은 아무래도 변화시킬 수가 없음을 밝혀냈다. 즉, 옛날부터 생각되고 있었던 그대로 빛의 기본적인 성질은 유리를 통과시켜도 변화하는 일이 없었던 것이다.

그런데 그 무렵, 그리스 시대 이래의 빛을 둘러싼 파동설과 입자설 논쟁이 다시 재연되었다. 뉴턴과 그의 후계자들은 빛의 입자설을 믿었고 호이헨스는 빛은 물결이라는 설을 주장하고 있었는데, 그에 의하면 물질 내의 빛의 속도는 그 물질의 굴절률에 반비례한다. 즉 빛의 속도가 느릴수록 굴절률은 커진다는 것이다. 그러나 만약 빛이 입자의 흐름으로 되어 있다고 하면 이것은 거꾸로 되지 않으면 안 된다. 즉 빛이 밀도가 높은 매질에 들어가면 그 분자에 바싹 끌어당겨지기 때문에 속도를 더하게 된다. 그것은 빛의 공기 중에서의 속도와 유리 속의 속도를 측정해보면 해결된다. 공기 중의 속도가 빠르면 빛은 물결이며, 유리 속 쪽이 빠르면 입자라고 하게 될 것이다.

그러나 빛의 속도가 정확히 측정된 것은 그로부터 150년이나 지나고 나서의 일이며, 그에 의해 겨우 호이헨스설이 정당성을 얻게 되었다.

호이헨스는 다음과 같은 반론을 펴고 있다.

"만약 빛이 미립자라면 그것을 화살이 나는 것에 비유할 수 있으리라. 두 개의 화살이 엇갈리면 개중에는 충돌하는 화살도 있을 것이다. 그런데 두 개의 광선이 엇갈려도 도무지 서로 영향을 주는 것 같이는 보이지 않는다."

즉 빛은 입자일리가 없다는 것이다.

이후 맥스웰은 빛이 전자파 방사의 거대한 연속 스펙트럼의 일부라는 사실을 밝혀냈다. 물론 빛은 눈으로 쉽게 느낄 수 있다는 사실은 분명했으나, 그가 지적한 중요한 점은 빛을 포함하는 모든 전자파 방사는 매초 약 30만 km의 속도로 진공 속을 날아간다는 사실이다. 후에 전자파(電磁波)는 파장수 수 km의 장파(長波)로부터 mm 단위의 감마선(線)에 이르기까지 여러 가지가 있음이 알려졌다. 이리하여 파동설은 맥스웰에 의해 완전한 승리를 거두게 되었다.

## ● 전자기 스펙트럼

진공 상태에서 모든 전자기파는 일정한 속도로 전달된다. 그리고 각 파동의 진동수는 서로 다르다. 이 다른 진동수에 따른 전자기파의 분류가 전자기 스펙트럼이다.

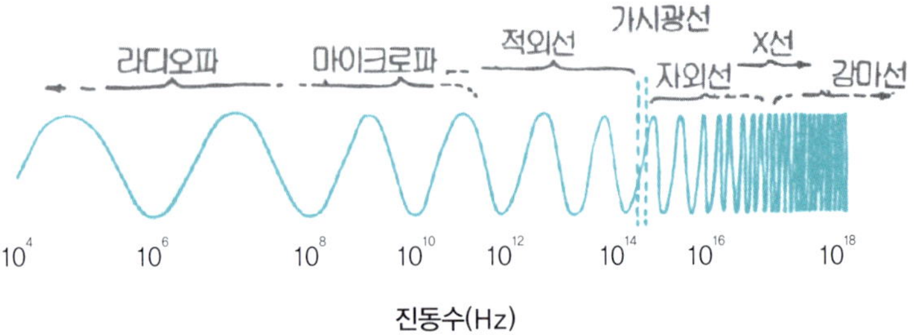


전자기 스펙트럼은 전파에서 감마선까지 전자기파의 연속적인 영역이다. 각 부분을 나타내는 이름은 단지 역사적인 관례에 따른 분류일 뿐이다. 모든 전자기파는 진동수와 파장만이 다를 뿐 그 기본 성질은 같다. 모든 전자기파는 같은 속도를 갖는다.

우리 눈으로 볼 수 있는 가장 낮은 진동수의 빛은 적색으로 보인다. 또 가장 높은 진동수를 가진 가시광선은 적색 진동수의 2배 정도 되며 보라색으로 보인다. 더 높은 진동수는 자외선이다. 자외선은 강한 에너지를 지니며 피부가 햇빛에 그을리는 것은 바로 자외선 때문이다. 자외선보다 더 높은 진동수를 가진 빛은 X선과 감마선 영역이다. 이들 영역들을 구분지을 수 있는 경계는 확실하지 않으며 각 영역이 겹쳐져 있다.

또 낮은 진동수는 긴 파장을, 높은 진동수는 짧은 파장을 발생한다. 예를 들어 빛의 속도는 1초당 30만 km이므로 1초에 한 번(1헤르츠) 진동하는 전하는 30만 km의 파장을 가지는 파동을 발생시킬 것이다. 이것은 1초에 한 파장만이 발생되기 때문이다. 만약 진동수가 10헤르츠라면 1초에 10개의 파장이 생길 것이고 이 때의 파장은 3만 km일 것이다. 10,000헤르츠의 진동수는 30km의 파장을 발생할 것이다. 따라서 전하의 진동수가 높으면 높을수록 파장은 짧아질 것이다.

## ● 투명한 물질

빛은 원자 내부의 전자가 진동하여 발생되는 전자기파의 형태로 전달되는 에너지이다. 그런데 유리나 물과 같은 물질은 빛을 곧바로 통과시킨다. 이런 물질은 빛에 투명하다고 말한다. 그러나 유리와 물은 자외선에는 투명하지 않다. 그것은 자외선이 유리나 물을 비출 때, 전자와 원자핵 사이의 커다란 진동을 가져오는 공명현상이 생기게 된다.

공명 진동하는 유리의 원자는 꽤 오랫동안 자외선의 에너지를 지니고 있다. 이 때 이 원자는 주위의 원자와 충돌하게 되고 자신의 에너지를 방출하게 된다.

또 가시광선보다 낮은 진동수를 지닌 적외선은 전자만을 진동시키지 않고 유리의 전체 분자를 진동시킨다. 이러한 진동은 유리의 내부 에너지와 온도를 증가시키는데 적외선이 열파라고 불리우는 이유가 이러한 작용이 생기기 때문이다. 그러므로 유리는 가시광선에는 투명하지만 자외선과 적외선에는 투명하지 않다.

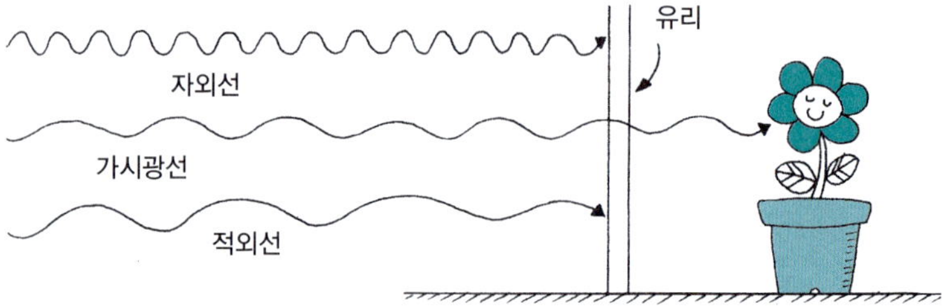


유리는 적외선과 자외선을 모두 흡수하지만 모든 가시광선에는 투명하다.

## ● 불투명한 물질과 그림자

주위에 있는 대부분의 물질들은 불투명하다. 이들은 빛을 재방출하지 않고 흡수한다. 책, 의자, 사람 등 모두 불투명하다. 빛에 의한 진동은 불규칙적인 운동 에너지 또는 열 에너지로 변하면서 온도가 약간 올라간다. 금속은 불투명한 물질이다. 금속원자의 최외각 전자들은 어떤 특정한 원자들에 구속되어 있지 않다. 이 전자들은 금속 전체를 매우 적은 저항만을 느끼며 자유로이 돌아다닐 수 있다(이것이 금속이 전기나 열을 잘 전도하는 이유이다). 빛이 금속을 비추어 자유전자를 진동시킬 때 빛

에너지는 금속 내 원자에 전달되지 않고 반사된다. 이것이 금속이 반짝이는 이유이다.

지구의 대기는 가시광선과 일부 적외선에 투명하다. 그러나 다행히도 진동수가 큰 자외선에 대해서는 불투명하다. 대기를 통과하는 매우 적은 자외선은 살갗을 태우는 원인이 된다. 만약 자외선이 모두 통과한다면 우리는 모두 타버릴 것이다. 구름은 자외선에 반투명하므로 구름이 끼인 날에도 타게 된다. 자외선은 피부에만 해로운 것이 아니라 타르를 칠한 지붕에도 좋지 않다. 이제 여러분은 타르를 칠한 지붕에 자갈을 덮는 이유를 알 것이다.

가느다란 빛줄기를 광선이라고 부른다. 햇빛 아래에 서 있으면 빛의 일부는 우리의 몸에 차단되고 다른 광선들은 통과하게 된다. 이때 광선이 통과하지 못한 지역, 즉 그림자를 보게 된다. 물체 가까이에 그림자가 생기면 태양이 상당히 멀리 있기 때문에 그림자는 선명하다. 광원의 크기가 크거나 가까이 있으면 흐릿한 그림자가 생긴다. 이 때 그림자의 중심부는 어둡고 주변부는 조금 더 밝게 된다. 완전한 그림자를 완전그늘이라고 하고 부분적인 그림자를 부분그늘이라고 부른다. 부분그늘은 그림자 지역에 도달하려는 빛의 일부는 차단되지만 나머지 빛이 통과할 때 생긴다. 부분그늘 현상은 크기가 큰 광원에서 나온 빛이 부분적으로 차단될 때도 일어난다.

벽에 가까이 있는 물체는 빛이 주위에서 스며들어 부분그늘을 만들 빛이 없기 때문에 선명한 그림자를 만든다. 물체가 벽에서 멀어질수록 부분그늘과 완전그늘이 생긴다. 물체가 아주 멀어지면 부분그늘이 완전히 뒤섞여서 그림자의 형체가 사라지게 된다.

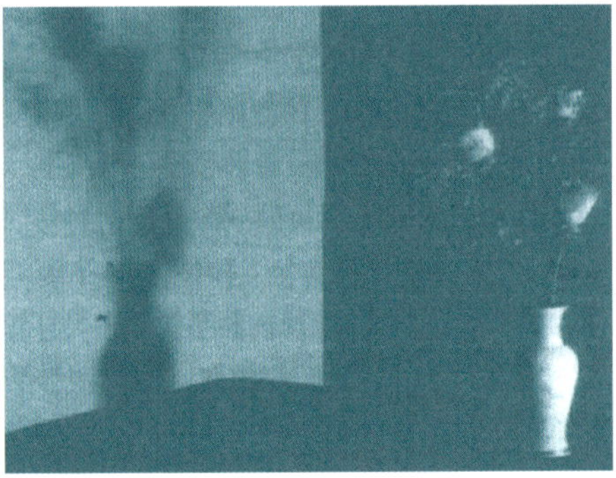

벽에 가까이 있는 물체는 주위에서 스며들어 부분 그늘을 만들 빛이 없기 때문에 선명한 그림자를 만든다. 물체가 벽에서 멀어질수록 부분그늘과 완전그늘이 생긴다. 물체가 아주 멀어지면 부분 그늘이 완전히 뒤섞여서 그림자의 뚜렷한 형체가 사라지게 된다.

## ● 눈은 어떤 일을 하는가

눈은 도대체 어떠한 작용을 하고 있는 것일까? 몇 천 년 동안 많은 사람들이 이러한 의문을 품어왔으며, 이에 대한 해답도 여러 가지가 있었다. 사실 바로 300년쯤 전까지만 해도 눈이 상(像)을 포착하는 장치라는 기본적인 사실조차 확실치 않았었다.

B.C 500년 경 고대 그리스 인들은, 그들이 사물을 볼 수 있는 것은 눈에서 광선 같은 것이 촉각처럼 뻗쳐 사물에 닿기 때문이라고 하는 기묘한 이론을 생각해냈다. 손에 든 책이나 방 저편의 책상, 수평선에 있는 배 따위가 '그곳' 에서 보이는 것은 눈에서 나온 광선 같은 것이 '그곳' 까지 다다르고 있기 때문이라는 것이다.

엄밀한 수학적인 사고방식을 가진 유클리드조차도 그 방사설을 받아들이고 있었을 정도였다. 그러나 아리스토텔레스는 그 설에 반대했다. 눈이 광원이라고 하면, 어둠 속에서 사물이 안 보이는 것은 이상하다는 지극히 당연한 의문이 그의 반대이유였다. 그러나, 그의 이러한 합리적인 생각은 도무지 받아들여지지 않았다. 아리스토텔레스 이후 그 설의 진위를 검토한 사람이 처음 나타난 것은 그로부터 2000년이 지난 17C의 일이었다.

1625년, 예수회 수도사였던 독일인 크리스토퍼 샤이너는 사물이 보이는 것은 빛이 상을 눈까지 운반해주기 때문이라는 사실을 증명했다. 우선 그는 단순하고 직접적인 방법을 사용했다. 그는 갓 죽은 동물의 안구 뒤쪽에 있는 피막을 절제했다. 그러자 눈의 투명한 내벽, 즉 망막이 노출되어 눈의 뒤쪽에서 그것을 들여다 볼 수가 있었다. 그랬더니, 꼭 오늘날의 사진가가 카메라의 작은 렌즈를 통해 피사체를 보듯이, 안구의 전방에 있는 물체가 작은 상이 되어 보였던 것이다.

우리가 보는 상이란 빛의 모양이 눈의 여러 부분을 통과하여 카메라의 필름에 상이 비치듯이 망막에 투영되는 것이다. 그러나 물체의 상을 원형 그대로의 모양으로 망막까지 보내는 것이 그렇게 쉬운 일은 아니다. 우선 첫째로, 눈에 들어오는 빛의 양을 조절하지 않으면 안 된다. 빛이 너무 많이 들어오면 반짝반짝하여 상을 보기가 어렵고, 그렇다고 해서 너무 적어도 상은 똑똑해지지 않는다. 다음으로, 상은 망막 위에 정확하게 투영되지 않으면 안 된다. 이것도 또한 정확하게 초점을 맞추지 않으면 좋은 사진을 찍을 수 없는 것과 같은 이치이다.

인간의 눈은 그러한 빛의 양을 조절하거나 초점을 맞추는 장치가 매우 정교하게 만들어져 있어, 상호간의 조정작용과 순응력에 있어서 어떤 정교한 카메라라 해도 이를 따르지 못한다.

눈은 대략 구형이지만 앞으로 조금 튀어나와 있다. 안구는 불투명한 공막으로 싸여 있고 튀어나온 부분은 투명한 각막에 의해 싸여 있다. 각막은 굴곡성 때문에 초점을 맞추는 데 도움이 된다. 각막에는 혈액이 공

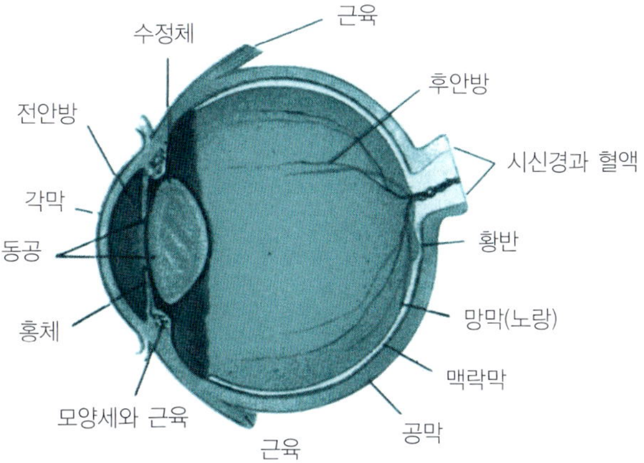


**사람의 눈**

사람의 눈은 여러 층으로 되어 있는데, 수정체에 의해 나누어지는 두 개의 방이 있고 이들은 액체로 채워져 있다. 동공을 통하여 눈에 들어오는 빛의 양은 홍채에 의해 조절되는데, 홍채는 동공의 직경을 변화시킬 수 있기 때문이다. 수정체의 모양이 변화됨으로써 초점이 맞추어지고 망막에 상이 맺힌다. 망막은 빛에 민감한 세포들을 포함하고 있다.

급되지 않기 때문에 산소는 확산을 통해 공급될 수밖에 없다. 콘택트 렌즈를 오랫동안 끼고 있으려면 렌즈에 반드시 공기가 통할 수 있는 구멍이 있어야 하는 것도 바로 이 때문이다.

공막 바로 안쪽에는 맥락이 있고, 맥락막은 홍채를 지지하며, 홍채의 중앙에는 반지 모양의 동공이 있는데, 이 동공의 크기는 홍채에 의해 조절된다. 홍채는 색소를 가지고 있어서 이 색소에 따라 사람들의 눈 색깔이 달라진다. 홍채 뒤에는 투명한 젤로 채워진 커다란 공간이 있다. 맥락막 안쪽에는 망막이 있고 이것은 빛에 민감하여 신경세포를 포함하고 있는 부위이다. 신경섬유는 시신경을 형성하여 눈 밖으로 나가게 된다.

눈으로 들어가는 빛은 각막을 지나고 전방안을 지나 홍채의 동공으로 간다. 홍채는 들어오는 빛의 밝기에 따라 동공의 크기를 조절하며, 이것은 현미경이나 사진기에서 빛을 조절하는 조리개와 비슷하지만 훨씬 더 정교하다.

홍채의 작용은 두 개의 정교한 근육층을 통해 이루어지며, 이 근육들은 동공을 수축, 확대시키며 조절을 한다. 동공을 지난 빛은 수정체를 지나고 다시 망막에 도달하게 된다.

눈은 때때로 카메라에 비유된다. 즉 수정체는 카메라의 렌즈에, 그리고 망막은 카메라 필름에 비유된다. 그러나 카메라의 경우는 대상이 가깝고 멂에 따라 렌즈를 앞뒤로 움직여 조절하지만, 사람의 수정체는 앞뒤로 움직이는 것이 아니라 그 모양을 변화시켜 초점을 맞춘다. 그러나 사람은 나이가 들어감에 따라 이러한 수정체의 유동성이 줄어들기 때문에 물건을 자세히 보기 위해서는 돋보기를 낄 수밖에 없게 된다. 실제로 수정체의 유동성은 10살 정도에서 절정을 이룬다고 한다.

### 망막

망막은 4개의 세포층으로 되어 있다. 맥락막의 안쪽에 붙어 있는 층은 색소를 지니고 있으며 이 색소층은 빛을 흡수하는 역할을 하는데, 만일 빛을 제대로 흡수하지 못하게 되면 빛이 눈 내부에서 반사되어 이상을 일으킨다. 밤이 되면 색소층에 변화가 일어나서 적은 빛에 대한 민감도가 증가된다. 이 색소상피 안쪽에는 실제적인 광수용기인 간상체와 추상체가 있다. 여러분은 이들 세포가 빛이 들어오는 통로에 노출되어 있으리라 생각하겠지만 실제로 그들은 신경세포로 이루어진 두 개의 층으로 다시 덮혀 있다. 간상체와 추상체가 빛에 의해 자극을 받으면, 이들은 신경세포를 자극시킨다. 자극을 받은 세포는 이를 시신경을 통해 뇌로 전달한다.

간상체와 추상체의 숫자는 약 18:1 정도이다(한쪽 눈에는 약 1억 2,500만 개 정도의 간상체와 700만 개 정도의 추상체가 있다). 간상체로

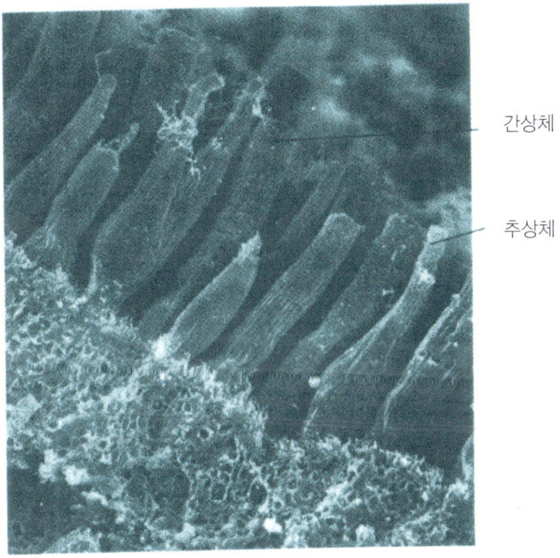

부터 오는 신경 전달은 뇌에서 검정, 흰색, 회색의 상으로 해석되며 다른 색들(빛의 파장이 다른 빛)은 서로 구별되지 않는다. 그러나 간상체는 아주 어두운 밤에도 민감하게 반응할 수 있으므로 밤에는 우리의 시각을 거의 간상체에 의존한다.

추상체는 고깔 모양을 하고 있고 간상체와는 달리 가시광선 스펙트럼 상의 어느 특정한 부분에만 반응한다. 추상체는 어두운 빛에서는 거의 반응하지 못하지만 밝은 빛에서는 간상체에 비해 훨씬 정확하고 정교한 구별을 할 수 있다(이것이 밤에는 물체를 볼 수는 있지만 색깔을 구별할 수 없는 이유이다).

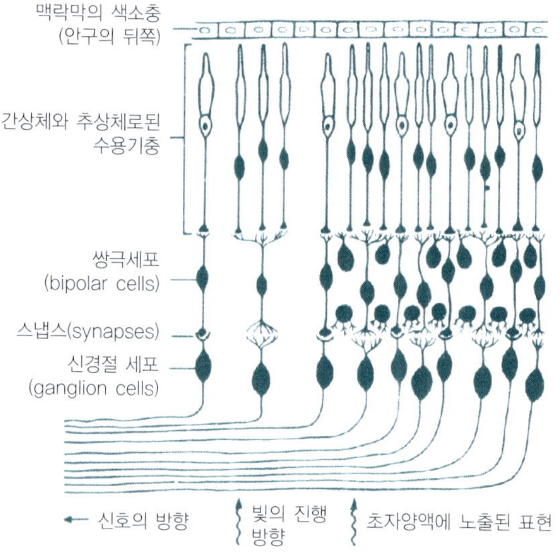

색 시각에 대한 가장 유력한 이론에 따르면, 추상체에는 빨간색에 가장 민감한 것, 초록색에 가장 민감한 것, 파란색에 가장 민감한 것 등 세 가지가 있다. 하지만 우리는 대단히 많은 종류의 색깔을 볼 수 있는데, 이는 세 종류의 수용기가 민감하게 반응하는 범위가 서로 중복되기 때문이다. 추상체의 색에 대한 민감도는 그 추상체가 어떤 종류의 시각 색소를 가지고 있는가에 달려 있으며, 더 자세히 말한다면 시각 색소에 결합하는 단백질의 변이에 따라 다르게 나타난다는 것이다.

간상체의 작용은 특이하다. 여러분의 상상과는 달리 그들은 빛이 없는 곳에서 활동적이기 때문이다. 신경생물학자들은 아직 어떻게 그러한 음성적 시스템이 간상체에서 발달하게 되었는지 알지 못하고 있다. 간상체의 정확한 감지 능력은 가히 놀랄 만한데, 이것은 간상체가 단 하나의 양자로도 망막에서 전기신호를 일으킬 수 있을 만큼 훌륭한 증폭기이기 때문이다.

사람은 밤중에도 상당히 좋은 시각을 유지하지만 낮에 활동하는 새들은 간상체가 전혀 없기 때문에 밤에는 거의 장님이 된다. 그 때문에 새들은 저녁 무렵만 되면 홰에 올라 앉는다. 하지만 올빼미 같은 야행성 동물은 낮을 피해 밤에 활동하기 때문에 간상체만을 갖고 있으리라는 것을 예측할 수 있다.

사람의 눈이 감지할 수 있는 빛의 밝기는 5억 분의 1 정도부터 가능하

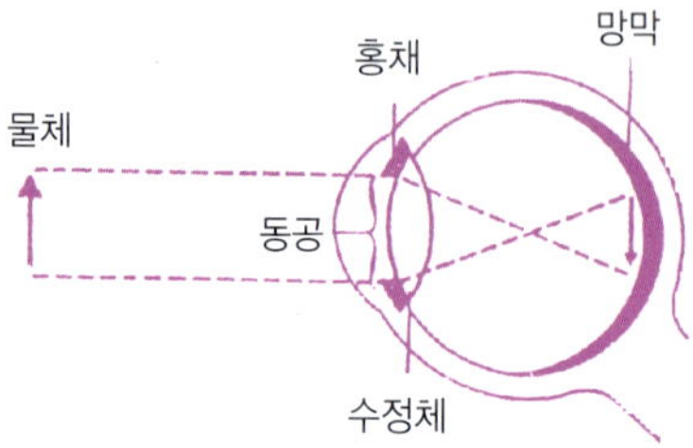


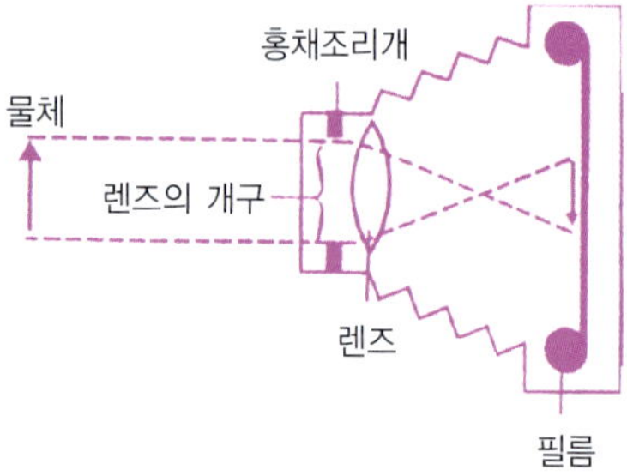


**눈과 카메라**

광학기계로서 생각하면, 눈과 카메라는 실로 꼭 닮았다. 눈(위 그림)에 들어오는 빛의 양은 원형의 홍채로 조절되는데, 이것은 홍채의 근섬유가 동공이 열리는 정도를 가감하기 때문이다. 그리고 각막과 수정체에 의해 망막 위에 도립상이 만들어진다. 카메라(아래 그림)에도 렌즈의 개구를 통해 들어오는 빛의 양을 조절하는 홍채조리개와 필름 위에 상을 만드는 렌즈가 있다.

다. 태양 빛과 달 빛의 차이는 백만 분의 1이다. 그러나 '측면금지' 라고 불리는 효과 때문에 모든 빛의 강도 차이를 실제의 차이만큼은 느끼지 못한다. 망막에 있는 수신세포가 뇌에 매우 밝은 신호를 보낼 때마다 이 세포는 자기 주위의 세포들에게도 동시에 신호를 보내어 주변 밝은 부분은 나머지 부분에 비해 월등히 밝게 보이지 않게 되는 것이다. 이런 식으로 시야 전체에 걸쳐서 빛의 밝기를 비슷하게 만든다. 이렇게 되면 어두운 부분에서 뿐만 아니라 밝은 부분에서도 세밀한 것을 분간할 수 있는 것이다. 측면금지 효과는 모서리 주위의 밝기 차이를 과장시키는 효과도 있다. 모서리는 정의상 한 물체와 다른 물체를 분리시키는 곳이다. 따라서 경계면의 유사성 보다는 차이점에 강조를 하도록 되어 있다. 그림의 왼쪽 부분은 경계면과 함께 보면 오른쪽 부분보다 훨씬 어둡게 보인다. 그러나 경계면을 연필이나 손가락으로 가리고 보면 양쪽이 같은 밝기로 보인다. 이것은 두 부분의 실제 밝기가 같기 때문이다. 두 부분은 똑같이 왼쪽이 더 밝고 오른쪽으로 갈수록 더 어둡게 되어 있다. 우리의 눈은 왼쪽의 어두운 부분과 오른쪽의 밝은 부분이 접하는 경계를 가장 중시하기 때문에 눈의 자율 제어 시스템은 오른쪽 부분의 나머지 부분도 경계와

두 사각형은 같은 밝기를 가지고 있다. 연필로 경계면을 가리고 보아라.

같은 밝기라고 가정한다. 즉 경계면에만 주의를 기울이고 나머지 부분은 무시하고 있는 것이다.

## 순응

간상체와 추상체의 민감도는 얼마만큼의 광선을 이용할 수 있는가에 따라서 달라진다. 이 과정을 순응이라고 한다. 우리가 밝은 태양에서 바로 불빛이 어두운 극장 안으로 들어가면 우리의 추상체는 처음에는 광선에 대하여 상당히 둔감하다. 그러나 어둠 속에서 5분 또는 10분 동안만 있으면 추상체는 주위에 있는 광선이 어떠한 것이든 간에 더 민감해지기 시작한다. 그러나 이 이상 추상체는 민감해지지 않는다. 이는 약 30분 정도 지났을 때 최대로 민감해진다. 조명 수준이 어두운 곳에 있다가 밝은 곳에 갔을 때 점차로 순응해가는 것을 명순응이라고 한다.

다음에 있는 그림 중 먼저 위쪽의 사각형 중심을 약 20초 동안 응시해보면 암순응과 명순응의 효과를 관찰해 볼 수 있다. 그런 다음 아래의 사각형에 있는 반점으로 옮겨 응시해보라. 잿빛 - 흰색의 형태가 아래의 사각형 안에 나타날 것이다(만약 눈을 깜박이면, 이 착각은 보다 더 강해질 것이다). 아래의 사각형을 볼 때는 위의 사각형에서 검은색이었던 부분은 이제는 밝게 보일 것이고 위의 사각형에서 흰색이었던 부분은 이제는 회색으로 보일 것이다. 이와 같은 잔상이 나타나는 이유는 윗부분 사

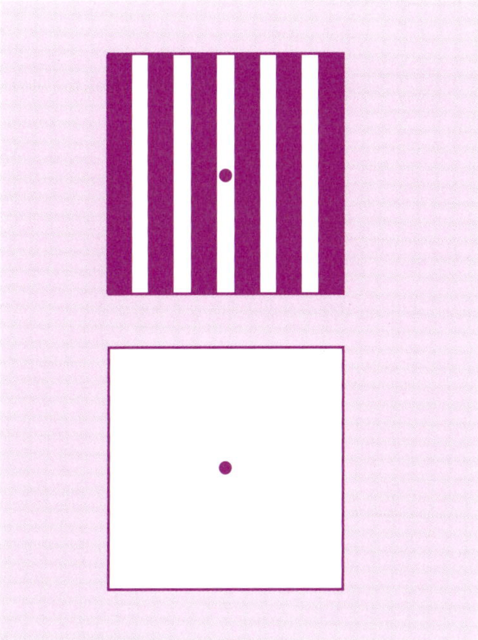

먼저 약 20초 동안 위의 사각형의 중심을 계속하여 응시해 보라. 그런 다음 아래의 사각형에 있는 점에 옮겨 응시해 보라. 조금 있으면 아래의 사각형에 회색과 백색의 잔상이 나타날 것이다.

각형의 검은 부분에 초점을 맞췄던 망막 부위보다 더 민감해지고(암순응), 반면에 밝은 부분의 망막 부위는 덜 민감해지게 되었기(명순응) 때문이다. 빈 사각형으로 눈을 이동하면 망막 중 덜 민감한 부위는 흰색보다는 회색의 감각을 만든다. 이 잔상은 망막이 다시 흰 사각형에 순응함에 따라서 1분 이내에 사라져 버린다.

## ● 눈에서 대뇌로

각막과 수정체를 통해 망막에 이른 빛은 신경망을 통해 대뇌에 전달하게 된다. 그리고 대뇌는 그 신경망을 통해 전해 받은 시각 정보를 가지고 그 대상이 무엇인가를 판단한다. 이는 마치 카메라에 찍힌 영상 정보를 가지고 무엇이라고 판단하는 것과 같다. 예를 들어 사진에 배추잎에 앉은 초록색의 애벌레가 찍혔다면 우리는 그것을 배추벌레라고 할 것이며, 도로 위에 은색의 동그랗고 반짝이는 쇠붙이를 본다면 우리는 그것을 백원짜리 동전이라고 판단할 것이다.

우리가 무엇을 본다고 하는 것은 수정체를 통해 들어온 빛이 가져온 정보를 망막과 그 곳에 와 있는 시신경을 통해 대뇌로 전달하고, 대뇌는 이 시각 정보를 판단함으로써 생겨지는 것이다. 그런데 눈과 대뇌간의 연결은 아주 복잡하다. 먼저 간상체와 추상체의 수는 서로 다르며, 이들은 뉴런이라는 신경세포와 연결되어 있다. 뉴런은 신경절 세포와 연결되어 메시지를 대뇌로 운반해 간다.

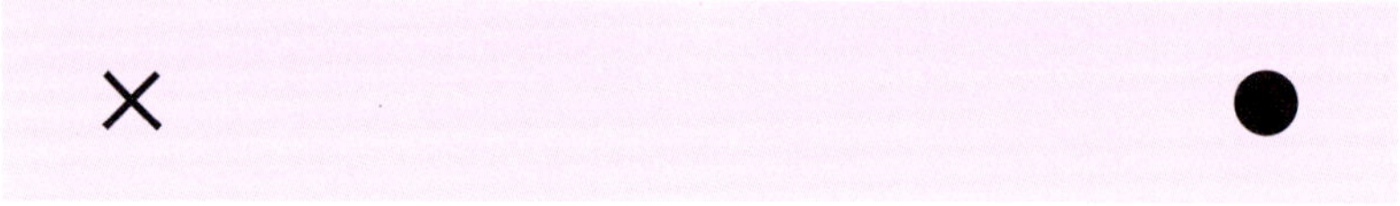

맹점을 찾아 보기 위하여 이 책을 약 30cm 정도 떨어지게 하여 잡아라. 다음으로 오른쪽 눈을 감고, X부터 시작해서 책을 천천히 당신이 있는 쪽으로 그리고 반대로 멀어지는 쪽으로 검은 점이 사라질 때까지 움직여 보라.

모든 신경절 세포의 축색돌기들이 모여 이제 눈에서 떠나려고 하는 망막의 지점을 맹점이라 하는데 여기에는 수용기가 없다. 우리는 정상적으로는 맹점을 자각하지 못한다. 그러나 그곳에 초점이 모아질 때는 그 대상은 보이지 않는다.

맹점은 상당히 크고 게다가 중요한 부분이면서도, 17C에 프랑스의 과학자 에드메 마리오트가 출현할 때까지 발견되지 않았다. 그는 흰 작은 원판 2장과 어두운 스크린에 의한 실험으로 맹점을 찾아냈다. 마리오트는 우선 1개의 원판을 스크린 위에 눈 높이로 달고, 또 하나의 원판을 그 오른쪽 60㎝ 정도의 약간 낮은 위치에 달았다. 그리고, 왼쪽 눈을 감고 오른쪽 눈으로 제 1의 원판을 응시하면서 스크린에서 서서히 후퇴해 갔다. 2.7m 정도 떨어진 지점에 이르자, 둘레의 스크린은 보였지만 제2의 원판은 시계에서 사라지고 말았다. 제2의 원판에서 오는 빛이 맹점에 몽땅 거둬들여졌던 것이다. 그가 눈을 조금 빗나가게 하자 원판은 다시 보였다. 정상적인 시각에서는, 두 눈으로 보는 것은 눈의 움직임의 속도와 빈도에 의해 맹점에 관해서 별 불편을 느끼지 않는다. 이에 대한 자세한 설명은 '한 걸음 더 나아가기' 에서 한다. 그 곳을 봐주기 바란다.

## 2. 색에 대하여

### ● 뉴턴과 괴테

색의 원천은 단 하나 빛뿐이다. 새빨갛게 익은 토마토, 눈부시게 아름다운 공작의 날개, 야한 피에로의 의상…, 이런 것들 모두가 빛을 구성하는 갖가지 색을 반사하거나 흡수하거나 투과시키고 있으며, 아무리 엷은 색이라도 색이라고 이름 붙은 것은 모두 빛이 있음으로 해서 비로소 존재한다.

그러나 이 사실을 이해하기는 그렇게 용이하지 않다. 왜냐하면 우리들이 보는 것은 모두 고유의 색을 지니고 있는 듯이 보이기 때문이다. 인간은 봄과 여름에 피는 꽃, 가을의 단풍잎, 푸른 바다, 황금빛 노을, 거장의 캔버스에서 춤추는 풍부한 색채 따위의 세계에 살고 있다. 빛이 색의 유일한 원천이라면, 자연은 도대체 어떻게 해서 이와 같은 다채로운 색을 만들어내며, 또한 우리가 일상생활의 모든 면에서 색채를 사용하여 놀랄 만한 효과를 낳는 수수께끼는 도대체 어디에 있는 것일까? 이 의문에 대답하려면, ① 색의 원천인 빛, ② 물질과 색에 대한 그 물질의 반응, ③ 색을 지각하는 눈이라는 세 가지 요소에 관해서 각각의 성질과 상호 관계를 생각해 볼 필요가 있다.

18세기 뉴턴이 햇빛에는 여러 가지 색이 섞여 있다고 주장한 것은 그

때까지의 색에 대해 생각하고 있었던 사람들의 사고 방식을 밑바닥부터 흔들어 놓게 되었다.

프리즘을 통과한 일광이 벽에 아름다운 색무늬를 만든다는 사실은 뉴턴 이외의 사람들도 알고 있었다. 그러나 그들은 프리즘 속에 무언가가 있어서 그것이 빛의 성질에 변화를 주기 때문에 색이 생긴다고 해석하고 있었다. 그런데 뉴턴은 프리즘은 단지 빛을 그 구성 부분인 스펙트럼의 색으로 나누는 것에 불과하다고 생각하였고, 분리된 광선을 딴 프리즘을 써서 다시 하나로 합쳐 백색광을 만들어 보임으로써 자신의 견해를 입증했다.

당시의 통설은 레오나르도 다빈치와 같은 예술가들이 사용하는 색소의 혼합에 따른 것들이었다. 당연한 일이지만 뉴턴의 획기적인 새 학설은 격렬한 반대의 물결에 휩쓸렸다. 그의 발견에 트집을 잡은 것은 과학자만이 아니고 당시의 뛰어난 문학자들도 그 열에 가담해 있었다. 예컨대 독일의 시인이자 철학자요 또한 빛과 시각의 연구가이기도 했던 요한 볼프강 폰 괴테도 뉴턴과 그 학설에 통렬한 반론을 편 한 사람이었다. 그러나 한편으로는 프랑스의 저명한 문학자인 볼테르처럼, '뉴턴은 태양의 무게가 어느 정도이며 광선이 어떤 색으로 되어 있는가를 발견한 굉장한 인물이다. 그의 덕택으로 나의 사고 방식은 근본적으로 바뀌고 말았다.' 고 그 업적을 찬양한 사람도 있었다.

그러나 당시의 사람들이 뉴턴의 새 학설에 당황한 것도 무리가 아니었다. 현대에 살고 있는 우리들조차도 곧잘 편견에 사로잡히는 수가 있으니 말이다. 그것도 그럴 것이 색채에 관한 지식이라는 것은 보통 먼저 그림물감 상자에서 얻어지는 것인데, 그림물감을 섞으며 얻은 지식은 빛의 색에는 거의 응용 효과가 없기 때문이다. 빛이 모든 색의 원천임에 대해

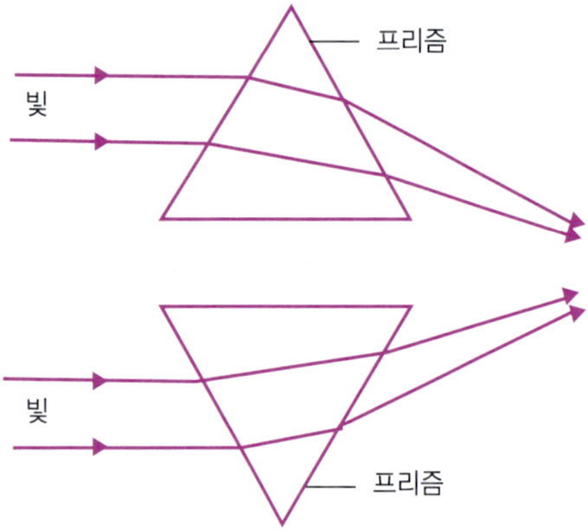


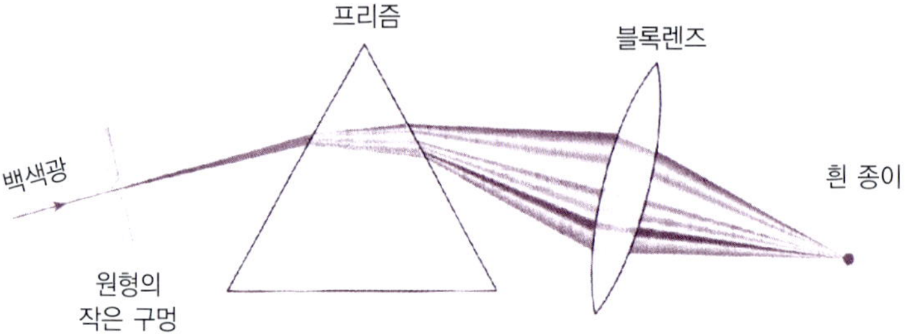

그림물감은 단지 색을 반사하고 흡수하고 투과시키는 데에 불과한 것이라고 하는 사실, 즉 양자가 근본적으로 다른 것이라고 하는 사실을 이해하면 그 이유를 쉽게 수긍할 수 있다. 적당히 섞으면 다른 어떤 색이라도 만들 수 있는 3원색의 이름을 화가에게 물어보면 '청, 황, 적' 이라고 대답한다. 그러나 같은 질문을 과학자에게 하면 '적, 녹, 청' 이라고 말한다. 적색과 녹색, 청의 그림 물감을 아무리 섞어도 '황색' 이 나오지 않음에도 불구하고 왜 과학자들은 '황색' 을 원색에 넣지 않는 것일까? 그것은 '적색' 과 '녹색' 광선을 포개면 '노란' 광선이 되기 때문이다.

적색 광선과 녹색 광선을 합치면 왜 황색이 될까 하는 것은 아직 충분히 해명되어 있지 않다. 그것을 설명하는 여러 학설 가운데 빛을 구성하는 여러 가지 색의 파장이 섞이면 인간의 눈이 그것을 평균한다는 설이 있다. 그러나 빛만이 왜 적과 녹을 합치면 황색이 되고, 그림물감의 적과 녹을 섞으면 더러운 흑색이 되는 것일까 하는 의문이 남는다. 그 수수께끼를 푸는 열쇠는 빛과 그림물감은 색이 만들어지는 방법이 완전히 다르다는 점에 있다.

스펙트럼의 색은 모두 빛의 3원색을 여러 가지의 양, 여러 가지의 강도로 더해가는, 이른바 가색(加色)에 의해 만들어진다. 그러나 그림물감의 색은 색을 빼감으로써, 이른바 감색(減色)에 의해 만들어지는 것이다. 그러므로 정확하게 표현하자면 그림물감에 관해서 '색' 이라는 말을 사용하는 것은 '오류'라고 말할 수 있다. 그러나 대개는 편의상 그대로 사용한다. 다시 반복 설명하면 그림 물감의 색은 스펙트럼의 일부를 흡수, 즉 차감하여, 남는 부분을 반사 또는 투과하기 때문에 생기는 것인 것이다.

이러한 색의 감산, 즉 감색을 행하는 것은 꽃, 수목, 동물, 그림물감, 염료, 잉크 등 천연과 인공의 구별 없이 거의 모든 물체 속에 있는 색소 분자이다. 이 색소 분자는 어떤 파장의 색을 흡수하고 다른 파장의 색을 반사한다. 예컨대, 풀과 나무의 잎이 녹색을 하고 있는 것은 엽록소 속의 색소 분자가 특수한 배열을 하고 있기 때문이다. 백색 광선이 잎에 닿으면, 그 엽록소가 진한 자색과 청색, 스펙트럼의 적색 쪽에 있는 파장이 긴 색을 대부분 흡수해버린다. 그러면 녹색과 근소한 적색만 남게 되며, 그것이 반사되어 눈에 들어온다. 이와 같은 사실을 당근, 나팔수선화, 민들레, 기타의 식물에서 볼 수 있는 카로틴의 색소 분자에 관해서도 말할 수 있다.

물리적 현상으로서의 색에 관해서라면 오늘날에는 대개의 것이 밝혀져 있다. 투명한 매질을 통과할 때의 색의 굴절률을 측정할 수도 있고, 어떤 표면의 색이라도 반사되는 파장에 기초하여 분광측광계로 정확히 산출할 수 있다.

그런데 인간의 눈 속에서 생기는 색각의 경우는 빛처럼 정확하게 빈틈

없이는 구별이 되지 않는다. 하여튼 인간의 시각에는 불가사의한 독특한 법칙이 있고, 게다가 그것은 사람에 따라 다른지도 모른다. 물리학적 성질에서 논리적으로 도출된 것이 색각에는 들어맞지 않는 것도 많은 것이다. 색각의 과정에는 눈과 뇌의 생리, 인간의 심리 따위의 요소가 크게 영향을 미치고 있다. 그래서 자연히 주관적 반응, 즉 인간이 그때그때에 감각을 통해 경험하고 있는 사항을 기술하는 일이 학문상 피하기 어려운 문제로 대두된다. 예컨대 광파의 경우, 그 파장과 진폭을 따로따로, 또는 조합시켜 측정하면 정밀히 기술할 수 있으나, 지금 자기가 보고 있는 것을 기술하려면 애매해 질 수밖에 없다.

색을 표현하는 데에는 '색상' 과 '명도', '포화도' 등과 같은 표현을 사용하는데, 이를 가지고 색을 나타내는 데는 다른 어려움도 있어 그렇게 쉽게 표현할 수 있는 것이 아니다. 이 세 지각의 속성은 어느 것이나 각각 대응관계에 있는 것을 변화시키면 그에 따라 변화할 뿐만 아니라, 셋 중 어느 하나 또는 둘 이상을 변화시켜도 역시 변화한다. 예컨대, 색상은 파장을 바꾸면 변화하나, 포화도를 바꿔도 변화하며, 또 대부분의 경우에 빛의 강도에 따라서도 변화한다.

빛의 강도를 아무리 바꿔도 변하지 않는 것은 스펙트럼 중 청(약 475mμ), 녹(505mμ), 황(570mμ)의 파장을 지니는 세 색상에 한정되어 있다. 그런데 명도와 파장, 포화도는 서로 관계지어서 하나가 바뀌면 따라 바뀌는 성질이 있다. 이 법칙은 인공 색에도 그대로 들어맞는다. 붉은 드레스가 붉게 보이는 것은 그 염료가 스펙트럼 속의 적색만을 반사하고 다른 파장을 모두 흡수해 버리기 때문이다. 청색의 포장지는 긴 파장의 빛을 모두 흡수하므로, 파장이 짧은 청색만이 보인다. 또한 흑색은 모든 파장을 흡수하고 어떤 색도 반사하지 않으며, 백색은 반대로 모든 색을 반사하므로 그 색들이 합쳐져 백색이 된다는 것이다.

물론 모든 빛이 꼭 일광처럼 희다고는 할 수 없다. 특히 인공의 빛에는 보통 주를 이루는 색이라는 것이 있어 백색에서 격리되어 있으므로, 색소에서 반사되어 눈에 들어오는 광선은 경우에 따라서는 퍽 다른 색이 된다.

양복지를 고를 때 곧잘 문밖의 자연광에 대고 색을 조사하는 일이 있는데, 그것은 자연의 빛 속에서와 인공의 빛속에서는 색이 다르게 보이기 때문이다. 예컨대, 형광등의 빛은 비교적 적색이 적으므로 그 속에서는 피부색이 건강을 잃은 사람처럼 창백해 보이지만 양초의 빛 밑에서는 실제는 윤기가 없어 얼굴이 나빠 보이는 사람이라도 장미빛을 띤 황색으로 보인다. 두말할 것도 없이 모든 색소는 빛의 색과는 관계 없이 빛을 반사, 흡수, 투과하는 것이다.

## ● 어떻게 색을 아는가

우리의 눈은 어떻게 해서 색을 지각하는가 이 수수께끼를 풀려고 하는 노력은 몇 세기 동안 계속되어왔고, 그 이야기는 한 편의 훌륭한 과학적 추리소설이 되고 있다. 중요한 단서가 발견될 때마다 거기에 기초하여 여러 가지 설이 세워졌으나, 그 수수께끼는 오늘날까지 완전하게 해명되어 있지 않다.

과학자들은 오랜 기간에 걸쳐 여러 가지 가설을 둘러싸고 거의 끊임없이 격렬한 논쟁을 계속 해왔다. 오늘날에도 색각에 관한 설에는 두 가지 큰 갈래가 있어 과학자들도 그와 같이 나누어지고 있다. 그리고 최근에는 빛의 경우 '파동설'과 '입자설'이 모두 옳았던 것이 아닐까 하고 다시 생각하게 한다.

## ● 심리적인 시각

그러나 그보다도 더욱 어려운 것은 색각의 심리적 측면이다. 예컨대, 푸른 드레스를 입은 소녀의 컬러사진 필름을 황색 스크린에 비추면, 정상적인 시각을 지닌 사람에게는 드레스가 회색으로 보인다. 그것은 청색과 황색이 보색관계에 있어 서로 색을 지워버리기 때문이며, 이 사실은 이미 빛의 혼합과 보색의 법칙으로서 일반인에게 이해되어 있다. 그래서 그 소녀의 사진을 최초에 흰 스크린에 비추어 드레스의 진짜 색을 보고

나면, 다음에 황색의 스크린에 비춰도 드레스는 역시 청색으로 보이는 것이다.

이 실험에는 색각항상현상(色覺恒常現象)이라는 색각 중에서 가장 주목할 만한 현상이면서 가장 이해가 덜 되어 있는 문제가 얽혀 있다. 조명 조건이 여러 가지로 변화해도 자기 눈에 익은 것은 같은 색으로 보이는 것이다. 푸른 칠을 한 자동차는 주인한테는 명암에 구애받지 않고, 그리고 노란색을 띤 기둥 밑에서도, 새빨간 저녁놀 속에서도 언제나 푸르게 보인다. 그러나 그 차가 눈에 익지 않은 사람에게는 진짜 색을 짐작하는 데 많은 어려움이 따를 것이다.

이와 같이 눈에 익숙해진 사람에게는 다른 조건하에서도 같은 색으로 보이는 것은 색의 항상성(恒常性)의 일면인 이른바 '기억색(記憶色)' 때문이다. 인간은 오랜 생활 경험을 통하여 눈에 익은 물체라면 조명 조건이 바뀌어도 백색광 아래에서의 본래 색을 식별해낼 수 있게 되어 있다.

그러나 기억색은 모든 경우에 꼭 들어맞는다고는 할 수 없다. 색의 항상성이라는 것이 어떤 조건하에서도 반드시 일어나는 반응은 아니기 때문이다. 예컨대, 불고기를 푸른 빛 밑에서 보면 아무리 불고기를 자주 먹었던 사람이라도 바로 그 순간에 먹고 싶은 마음이 사라져버릴 것이다. 이 경우는 기억이 제 구실을 다하지 못하고 따라서 고기가 썩은 것처럼 보인다. 기억색이 어떤 경우에만 작용하고 어떤 경우에는 작용하지 않는 것은 무슨 까닭일까? 그 이유는 아직 잘 알려져 있지 않다.

## ● 색을 보기 위한 단서

인간의 뇌는 '어떤 색'은 '늘 같은 색'으로 보려는 경향이 있다. 이는 지각의 작용으로 추상체를 통해 뇌에 전달된 색에 대한 최종적인 판단을 뇌가 하기 때문이다. 예를 들어 파란색으로 칠해진 자기의 자동차를 지하 차고지에 두었을 때는 다른 색으로 보이지만 지각은 한결같이 파란색의 자동차로 인식한다. 이것이 '색의 항상성'이다. 그런데 지각이라고 근거 없이 파란색이 다른 색으로 보이는 것을, 늘 파란색이라고 우기지는 않는다. 지각은 어떤 근거, 즉 단서를 가지고 같은 색으로 보려 한다.

색의 항상성에는 그 비밀을 풀 단서가 될 듯한 또 하나의 중요한 면이 있다. 여기에는 보는 대상물의 물리적 성질, 그 물체와 다른 물체와의 관계, 그리고 그 물체를 둘러싼 조명과 음영과 색의 대비 등이 포함된다. 예컨대, 붉은 상자의 일부에 직사일광을 대고 일부는 그늘지워 어둡게 해도, 인간의 눈은 자동으로 수정을 행하기 때문에 상자가 한결같은 색으로 보인다.

그와 같은 단서를 모두 제거해버리면 색의 항상성은 저하하든가 소실해버린다. 다음과 같은 실험을 해보자. 갖가지 색을 가진 물체를 관찰자로 하여금 가는 관을 통해 바라보도록 한다. 그 경우 그 물체가 무엇인지, 어떤 색의 빛이 어떤 방향에서 닿고 있는지는 관찰자가 모르도록 해 둔다. 이러한 조건하에서 그는 그 물체에 닿는 빛의 파장에 의해 예견할 수 있는 색을 대답한다. 예컨대, 익은 토마토의 일부를 보이면 그는 그 부분에 닿는 빛의 색에 따라 녹색이라든가 갈색이라든가 많은 색 가운데서 하나를 대답할 것이다. 이 실험에서도 알 수 있듯이, 색의 항상성이란 것은 기능상의 단서, 즉 기억에서 생기는 단서와, 조명과 주위의 물체의 성질 등에 관한 단서에 의해 좌우되는 것임에 틀림없다.

이로써 우리는 눈을 통해 들어온 빛이 망막에 닿은 뒤 시신경을 통해 뇌에 전달되고, 뇌에 전달된 시각정보는 최종적으로 뇌에서 판단한다는 사실과, 그로 인해 생기는 착각하고 수정하는 문제들을 보았으며, 따라서 우리가 무엇을 본다는 것은 실체인 빛을 받아들이는 작업과 그를 판단하는 뇌와의 합동 작업에 의해, 보고 있다는 사실을 알았을 것이다.

# 한걸음 더 나아가기

## ● 지각한다

시각 정보는 대뇌에 '원정보'를 제공해 준다. 대뇌는 이 원정보에 대한 해석을 한다. 만약 대뇌가 이 원정보에 대한 해석을 하지 않는다면 그 정보는 하나의 빛의 집합체일 뿐이다.

위의 그림은 백지 위에 찍힌 검은 점이다. 이것은 대뇌가 무엇이라고 해석을 하지 않은 상태이다. 그러나 대뇌가 다른 보조 정보, 즉 경험 등을 동원하여 그것이 '말을 타고 가는 사람'이라고 하면, 위의 점은 곧 그런 그림으로 변한다. 한 심리학자는 다음과 같이 말한다.

눈은 빛과 어둠의 형태를 기록하지만 거리를 지나가는 보행자를 '보지는' 아니한다. 궁극적으로 시각으로부터 오는 정보의 복잡한 흐름을 해석하는 것은 대뇌이다. 대뇌는 시각정보를 '원재료'로 사용하여 본 것 이상의 보인 지각 경험을 만든다.

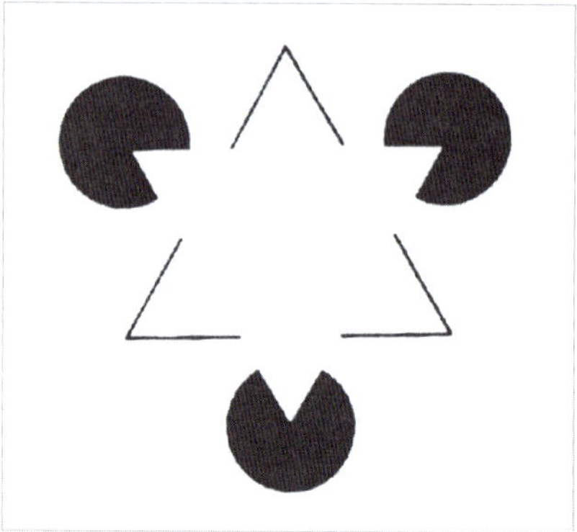

감각정보가 불완전할 때 우리는 빠져 있는 세부들을 보충하여 완전한 지각을 만들어내는 경향이 있다. 이 그림에서 우리는 선을 메워서 양식의 중심에 흰 삼각형이 있는 것으로 지각한다.

위의 그림에서 우리는 그림 중앙에 있는 하나의 흰 삼각형을 지각하는 경향이 있다. 그러나 그림은 사실은 '파이 덩어리'를 잘라낸 세 개의 원, 그리고 세 개의 60° 각으로 이루어져 있을 뿐이다.

아래의 그림은 백지 위에 칠해진 검은 얼룩이다. 그러나 누군가가 그것이 '포인터가 걸어가는 모습'이라고 말하면 우리의 지각은 갑자기 그렇게 변한다. 착시의 경우처럼, 우리는 아마도 존재 불가능한 것을 지각할 때도 있다. 다음에 있는 그림처럼 두 개 갈퀴의 세 갈래진 작살은 이러한 '불가능

한' 그림의 한 가지 예가 된다. 보다 자세히 검사해 보면 내가 지금 '보고 있는' 대상은 실제로는 거기에 있는 것이 아님을 발견하게 된다. 이 모든 경우에 있어서, 대뇌는 원시각정보에서 지각 경험을 적극적으로 창조하고 조직화하고 있다.

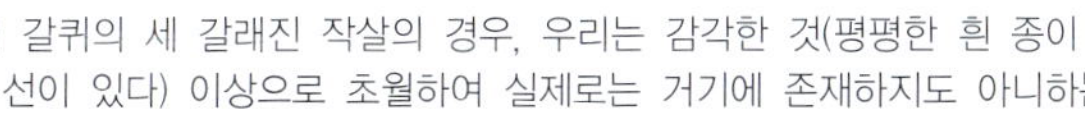

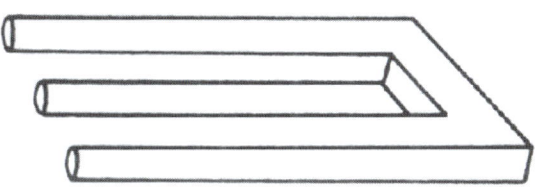

두 개 갈퀴의 세 갈래진 작살의 경우, 우리는 감각한 것(평평한 흰 종이 위에 검은 선이 있다) 이상으로 초월하여 실제로는 거기에 존재하지도 아니하는 삼차원의 대상을 지각한다.

이와 같이 지각 과정은 우리 눈에 두드러지게 보이는 것과, 그 주위에 있는 배경과를 구분하는 것 때문이다. 화려하고 무늬가 그려져 있는 의자는 방의 빈벽보다 누드러지게 우리 눈에 들어온다. 우리의 지각은 전체 덩어리에서 두드러진 한 개를 찾아 낼 수 있다. 청각은 심포니 음악 속에서 바이올린 소리를, 파티를 벌리고 있는 웅성거림 속에서 한 사람의 말 소리를, 그리고 후각은 꽃 가게에서 하나의 라일락 꽃 향기를 맡을 수 있다. 우리는 어떤 그림을 그것이 둘러쌓여 있는 배경과 구분하여 지각하고 있다.

그런데 분명한 윤곽을 가지고 있는 그림도 두 가지의 아주 상이한 방법으로 지각될 때도 있는데 그것은 자극의 어느 부분이 도형이고 어느 부분이 배경인지가 분명하지 아니하기 때문이다. 그 예가 다음의 두 그림이다. 처음 볼 때는 하나의 배경을 가지고 있는 도형들 같지만 다시 들여다 보면 반대의 경험을 가질 수도 있다.

이 목공예에서 가역성 도형과 배경은 각 면에서 처음은 검은 악마 그리고 다음은 흰 천사를 보게 해 주고 있다.

분명한 윤곽을 가진 도형이 두 가지 매우 다른 방식으로 지각될 수 있는데, 자극의 어느 부분이 도형이고 어느 부분이 배경인지가 분명하지 않기 때문이다. 처음 얼른 보면, 어떤 배경에 대해서 어떤 도형을 지각할 수 있지만, 좀더 보면, 그 반대 경험을 하게 될 수도 있다.

● 지각의 항상성

우리의 눈을 통해 뇌로 가져다 주는 정보는 바뀌는 데도, 뇌는 같은 것이라고 판단하는 경우가 그것이다. 만약 뇌에 이런 능력이 없다면 세상은 아주 혼란스러울 것이다. 우리가 대상에 대하여 안정적인 지각을 형성하게 되면 우리는 어느 곳에서든, 어느 거리에서든, 그리고 어떠한 조명 아래에서건 간에 그것을 확인해 낼 수 있다. 흰 집은 낮이건 밤이건 또는 어떠한 각도에서 보든 간에 흰 집이며 우리는 그것을 동일한 집으로 본다. 감각정보는 변화하지만 대상은 항상적인 것으로 지각된다.

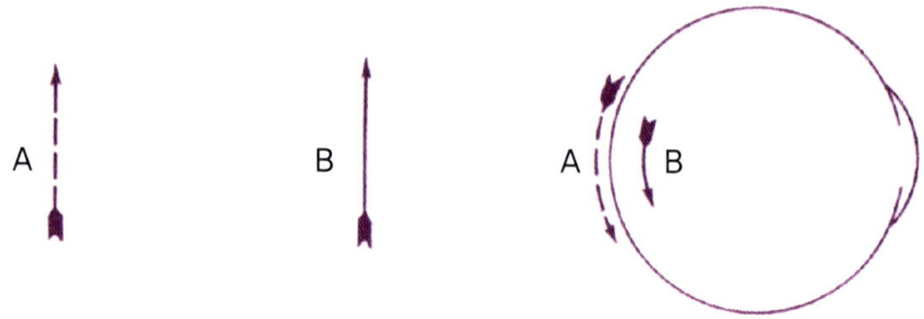


대상 A와 대상 B는 같은 크기이지만 A는 눈에 보다 더 가깝게 있기 때문에 망막에 보다 큰 상을 이루고 있다.

대상은 눈의 망막 위에 던지는 상(像)의 크기에 관계 없이 실제의 크기인 것으로 지각된다. 위의 그림이 보여 주는 것과 같이 대상이 눈의 수정체로부터 멀리 떨어져 있으면 있을수록 그것이 던지고 있는 망막상은 보다 더 작아진다. 예컨대, 1m80㎝인 사람이 30m 떨어진 곳에서 던지는 망막상은 15m 거리에서 던지는 망막상의 크기의 50%에 지나지 아니 한다. 그러나 우리는 그 사람이 90㎝로 줄어든 것으로 지각하지는 아니 한다.

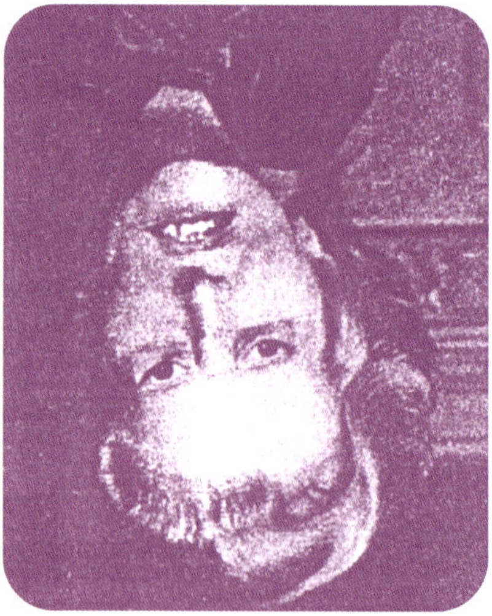

이와 같은 지각의 항상성은 기억과 경험이 중요한 역할을 한다. 예를 들어 영국의 대처 수

상의 사진을 약간 변형시킨 그림을 봐라.

이제 위의 사진을 책을 거꾸로 하여 다시 봐라. 본래는 정상적인 얼굴이 무시무시한 모습을 드러내고 있다. 사람을 인식하고 그들의 얼굴 표정을 해석하는 경험을 가짐으로 인하여 우리는 어떤 지각의 단서(특히 눈과 입)를 강조하는 습성을 가지게 된다. 거꾸로 하여 그림을 보면 눈과 입은 정상적이며 그리하여 전체 얼굴을 정상적인 것으로 지각하게 된다. 다시 말하면, 우리는 정상적인 사람의 얼굴을 지각해 본 경험을 활용하여 이 얼굴(대단히 괴상한 얼굴)을 지각하여 그러한 결과로 거꾸로 볼 때까지는 그것을 아주 왜곡된 것으로 지각하지 아니 한다.

● 크기의 항상성

크기의 항상성 또한 부분적으로는 경험(기억에 저장되었던)과 부분적으로는 거리단서에 의존한다. 아래의 그림은 거리를 알 수없다.

이는 옛날 미술에서 원근법이 발견되기 전까지 겹치는 방식으로써 거리를 나타냈다고 한다. 그러나 아래에 있는 그림은 앞에 있는 그림보다 멀리 보인다. 이것이 우리가 사용하는 거리단서이다.

또한 친근한 대상은 그것을 어떠한 각도에서 보느냐에 따라서 그것이 우리에게 던지는 망막상은 변화함에도 불구하고 우리는 그것이 같은 크기, 또

는 같은 모양을 가지고 있는 것으로 지각하는 경향이 있다. 식탁의 접시가 굽어져 있기 때문에 망막상이 타원형이라고 하더라도 우리는 그것을 하나의 원으로 지각한다. 4각형의 문은 그것을 정면에서 바로 볼 때만 망막에 4각형의 상을 투사해 줄 수 있다. 그렇지 아니한 다른 각도에서 보면 망막에 던지는 상은 사다리꼴인데도 우리는 문이 갑자기 사다리꼴이 되는 것으로 지각하지는 아니 한다.

출입문은 사실 여러 가지의 모양을 보이고 있지만 우리는 그것을 여전히 사각형 출입문으로 본다.

이밖에도 '색채의 항상성' 이 있다. 흰 종이는 촛불 아래에서건 또는 밝은 전구 아래에서건 간에 흰 것으로 지각된다. 마찬가지로, 석탄은 어두운 지하실에서든 대낮의 태양 아래에서 보든 간에 검은 것으로 지각한다. 이것은 자명한 것 같이 보일지 모르지만 태양 아래 있는 석탄은 촛불 아래 있는 흰 종이보다 더 많은 광신을 빈사하는 데도 우리는 흰 종이를 더 밝은 것으로 지각하고 있음을 기억할 수 있다.

또 우리는 실제로 눈에 이르고 있는 정보에 관계 없이 친근한 대상은 나

름대로의 색채를 가지고 있는 것으로 지각하는 경향이 있다. 만약 내가 빨강색 자동차를 소유하고 있다면, 그것이 햇빛이 밝게 쪼이는 거리에 있든 아니면 광량이 적어서 색채가 빨강이 아니라 오히려 갈색이나 검정에 보다 가깝다는 메시지를 보내 줄 어두운 차고에 있든 간에 나는 그것을 빨강색으로 보게 된다.

그러나 색채항상성이 항상 작용하는 것은 아니다. 대상이 친근하지 아니하거나 통상적인 색채 단서가 없을 때는 색채항상성은 왜곡될 수도 있다. 이것은 밝게 불을 켜둔 가게에서 샀던 바지를 낮에 보니, 생각하였던 색조가 아님을 발견할 때가 있는 것과 같다.

### ● 거리와 깊이의 지각

우리는 끊임없이 자신과 다른 대상 사이의 거리를 판단해야만 한다. 교실을 지나 걸어갈 때도 거리 지각은 책상에 부딪치거나 휴지통에 걸려 넘어지는 일을 회피하는데 도움이 된다. 팔을 뻗어 연필을 잡으려고 할 때 우리는 팔을 얼마나 뻗어야 할지를 자동적으로 판단한다. 우리는 또한 대상의 깊이를 판단한다.

즉, 대상이 점유하고 있는 전체의 면적이 얼마나 되는지를 판단한다. 우리는 거리와 대상의 크기를 결정하는데 단서들을 많이 활용한다. 이러한 단서들 중의 어떤 것은 하나의 눈만으로도 전달할 수 있는 시각적 메시지에 의지하는 데 이것을 우리는 '단안단서(한 눈이 얻는 단서)' 라고 한다. 어떤 단서들은 두 개의 눈을 활용할 것을 요구하는데 우리는 이것을 '양안단서

(두 눈으로 얻는 단서)' 라 부른다. 두 개의 눈을 가지면 거리와 깊이를 보다 정확하게 판단할 수 있는데 그것은 특히 대상이 가까이 있을 때 그러하다. 그러나 거리와 깊이에 대한 단안단서는 한 개의 눈만을 사용하여서도 거리와 깊이를 성공적으로 판단할 수 있게 한다.

### 단안단서

하나의 대상이 두 번째 대상을 부분적으로 차단하는 것을 중첩이라 하는데, 이것은 중요한 상대적 거리단서이다. 첫째 대상은 보다 가깝고, 두 번째

클러버의 K카드는 빈 카드 위에 중첩되어 있기 때문에 스페이드의 K카드보다 더 가깝게 있는 것으로 지각된다. 그러나 카드를 떼어 놓으면 스페이드의 K카드는 클로버의 K카드보다 사실은 더 멀리 있는 것이 아님을 알게 된다. 다른 두 카드가 그 위에 중첩되어 있는 것처럼 보이기 때문에 멀리 떨어져 있는 것으로 보인다.

것은 보다 먼 것으로 지각된다.

또 그림을 그릴 때 원근법은 거리와 깊이를 추정하는데 몇 가지 방법으로 도움이 된다. 먼 거리를 뻗어 있는 두 개의 평행선은 지평선의 어느 점에서 만난다. 또 다른 방식의 단서로는 멀리 있는 대상은 흐릿한 모습과 약간 흐려져 있는 윤곽을 가지고 있다. 산은 흐린 날보다 맑은 날에 더 가까이 있는 것 같다. 수평평면은 낮게 있는 것보다 높게 있는 것이 더 멀리 있는 것으로 보인다.

높이 자리잡고 있고, 그리고 도로가 깊이를 암시하고 있기 때문에 오른쪽에 있는 나무는 보다 멀리 있고, 그리고 왼쪽 아래 나무와 같은 크기로 지각된다. 실제로는, 약간 더 작은데, 두 나무의 높이를 재어 보면 입증될 수 있다.

버스나 기차로 여행을 자주 하는 사람은 도로나 철로 가까이에 있는 나무나 전신주는 빨리빨리 창문 밖으로 스쳐가는 것 같이 보이지만 멀리 있는 것은 천천히 움직여 가는 것 같이 보인다. 우리가 움직일 때 망막을 가로질러 가는 시각상의 운동속도의 차이는 거리와 깊이에 대하여 중요한 단서를 제공해 준다. 가만히 서서 고개를 양쪽으로 움직여 보아도 우리는 동일한 효과를 관찰할 수 있다. 그리고 우리가 고개를 양쪽으로 움직이면서 가운데 있는 어떤 것을 집중하여 보고 있으면 가까이 있는 대상은 머리를 움직이고 있는 방향과는 반대방향으로 움직이며, 멀리 있는 대상은 머리와 같은 방향으로 움직이는 것 같이 보인다. 이러한 거리단서를 운동시차라고 한다.

### 양안단서

지금까지 이야기 한 단서는 하나의 눈만으로 대상의 거리와 위치, 크기 등을 확인할 수 있는 단서이다. 말과 사슴, 물고기와 같은 동물들은 이와 같은 단서에 의해 대상을 확인한다. 이들은 두 개의 눈을 가지고 있지만, 눈은 머리의 양쪽에 있기 때문에 두 개의 시계는 겹치지 아니한다. 인간, 원숭이, 그리고 많은 육식동물들(사자, 호랑이 그리고 늑대와 같은 동물)은 이러한 동물들보다 특유한 신체적 이점을 가지고 있다. 두 눈이 모두 머리의 앞에 자리잡고 있기 때문에 시야가 겹친다. 두 개의 망막상을 조합함으로써 거리와 깊이에 대한 지각을 보다 정확하게 한다. 사람의 왼쪽 눈은 대상의 왼쪽 편에 관한 정보를 보다 더 많이 받아들이고 오른쪽 눈은 오른편에 관한 보다 많은 정보를 받는다. 두 눈의 각각이 상이한 시각상을 받아들인다는 것을 쉽게 증명해 볼 수 있다. 한 눈을 감고 눈의 가장자리와 같은 어떤 수직선과 한 줄이 되도록 손가락을 고정시켜 보라. 그런 다음 그 눈은 뜨고 또 다른 눈을 감아보라. 당신의 손가락은 상당한 거리로 움직인 것 같이 보일 것이다. 그러나 두 눈을 가지고 그 손가락을 보면 두 개의 상이한 시각상은 하나가 된다.

또 두 눈의 조합작용에서 기묘한 일은 두 눈이 보고자 하는 상을 어느 정도 융통성 있게 복원하는 일은 정보의 어느 부분이 어느 쪽 눈에서 일어나고 있는 것인지 관찰자 자신은 전혀 모른다는 것이다. 그러나 시각피질은 대상의 어느 부분이 어느 쪽 눈으로 시각화되고 있는지 '알고 있을' 것이다. 왜냐하면 그러한 구별을 할 수 없다면 그 대상은 아주 정체를 알 수 없는 것으로 되어버릴 것이기 때문이다. 19세기에 처음으로 다음과 같은 실험이 행해졌다. 직경 5㎝, 길이 30㎝의 관을 한쪽 눈에 대고 방의 반대쪽에 있는 양초의 불꽃이 보이도록 한다. 또 한쪽 눈은 양초가 안 보이도록 손으로 차단하다, 손은 관보다 약간 더 떨어진 거리에서 편다. 즉 한쪽 눈에는 관을 통해 양초의 불꽃이 보이고, 한쪽 눈에는 손바닥이 보이게끔 하는 것이다. 그 결과 관찰자의 눈에는 놀랍게도 바닥에 구멍이 뚫려, 그 구멍으로부터 양초의 불꽃이 가물거려 보인다. 이 실험에서 뇌는 물리적으로 두 눈의 상을 자동적으로 일체화하기 때문에 시각의 애매성이 생길 여지는 전혀 없다는 사실을 알 수 있다.

## ● 착각은 틀린 것은 아니다

착각은 보통은 시각심리적으로 특수한 문제처럼 생각이 되고 있다. 옛날에는 착각을 '판단의 오류' 라든가 '틀린 해석' 따위로 부르고 있었다. 그러나 오늘날의 과학자들은 착각이란 그러한 성질의 것은 아니라고 생각하고 있다.

착각을 판단의 오류라든가 틀린 해석으로 간주한다면 그밖의 지각은 모두 바른 것이라고 생각해 버릴 우려마저 있다. 시각을 모사(模寫)의 과정이라고 생각하고, 모사가 정확한가 아닌가를 문제삼으려고 하면, 그러한 구별로써도 별 지장이 없을지 모른다. 그러나 실제로는 시각이란 그처럼 간단한 것은 아니다. 만약 '정확'이라는 말을 시각계가 환경의 물리적 사상을 있는 그대로 나타낸다고 하는 의미로 해석한다고 하면, 모든 시각현상을 착각의 부류에 넣지 않으면 안 된다.

영화나 텔레비전에서는 화면의 어른거림이 얼마간이라도 없으면 물리적 사상의 납득방법이 부정확해진다. 또한 희미한 전등 아래 한참 동안 있으면 눈이 거기에 순응하여 광원이 어둑어둑해보이나, 어둠 속에 30분 정도 있다가 그 방에 들어가면 같은 전등이 전보다도 밝아 보인다. 즉 우리들의 눈은 물리적 자극을 받아들일 때에 이미 오류를 범하고 있는 것이다. 청색광과 황색광을 섞으면, 양자는 보색관계에 있으므로 상호 소멸작용을 하여 희든가 회색으로 보인다. 즉 이 경우에도 눈은 오류를 범하고 있다. 이와 같이 수많은 시각 실험을 검토해 보아도 정확한 지각이라고 단정을 할 수 있는 예는 하나도 없다.

요컨대 시각의 문제를 '착각'과 '정확한 시각'으로 나누어 생각하는 것은 의미없는 일이다. 중요한 것은 '모든' 상황 속에서 눈이 어떻게 작용하고 있는 것일까 하는 것이다. 이것을 충분히 이해한다면, 직관적으로 단순하고 명확하게 생각되는 것과, 적어도 표면상은 불가해하고 틀려 있다고 생각되기 쉬운 것에 관한 시각의 과정을 바르게 이해할 수 있을 것이다.

이와 같은 설명을 먼저 해 놓고 우리가 실제로 착각을 하는 몇 가지 예를 보자.

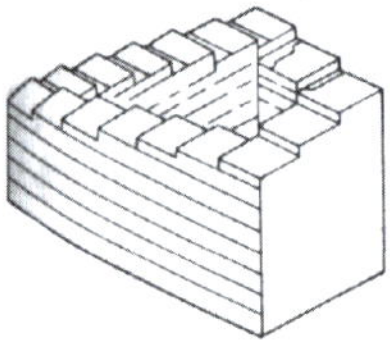

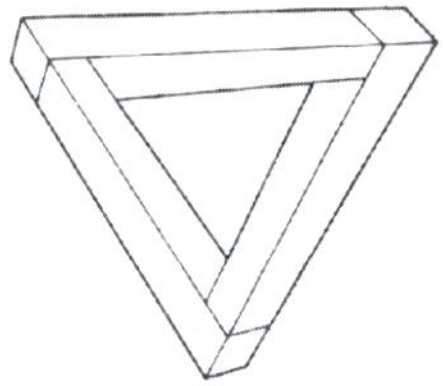

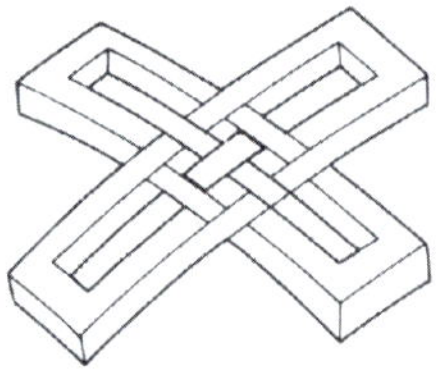

위 그림의 이상한 삼각형에서는 거짓되고 오도적인 깊이단서가 포함되어 있어 존재할 수 없음이 분명한 3차원 도형을 지각하게 만든다. 허위의 깊이단서를 제공하고 있기 때문에 위의 선이 밑의 선보다 짧게 보이도록 우리를 우롱하고 있다.

또 나머지 두 그림 역시 깊이의 단서로 우리를 혼란스럽게 한다.

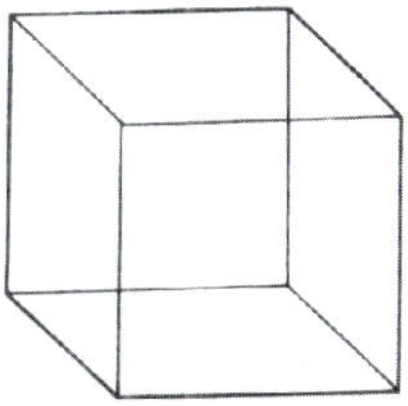
A

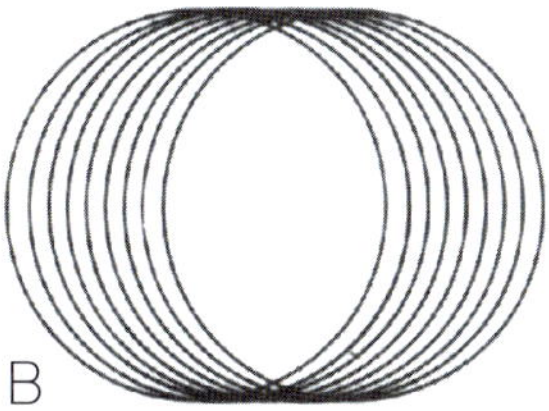
B

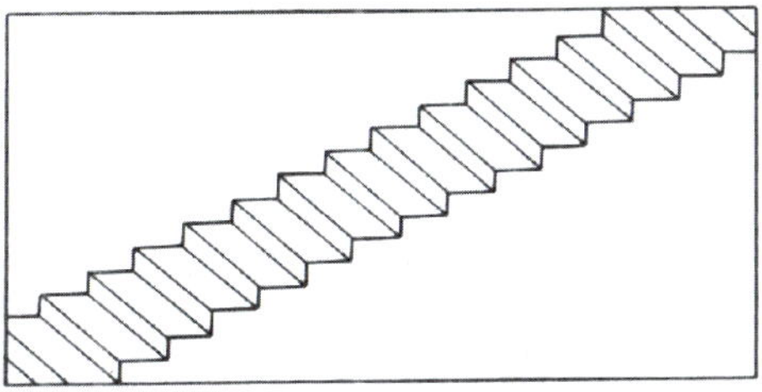
C

위의 그림 A는  이와 같은 정육면체로 보이기도 하며, 이와 같은 정육면체로 보이기도 한다. B의 그림 역시  같이 보이기도 하고  와 같이 보이기도 한다.

그림 C는 층계의 넓은 면이 발을 디디는 경사가 완만한 계단 같기도 하고, 발이 좁은 면을 딛도록 되어 있는 급한 계단처럼 보이기도 한다.

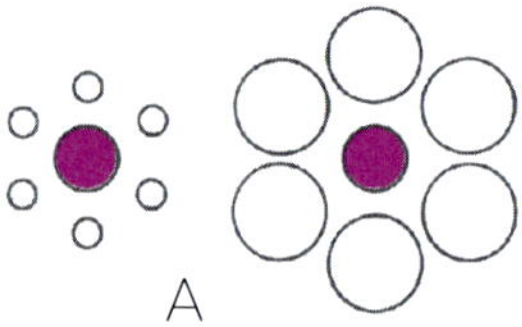

A

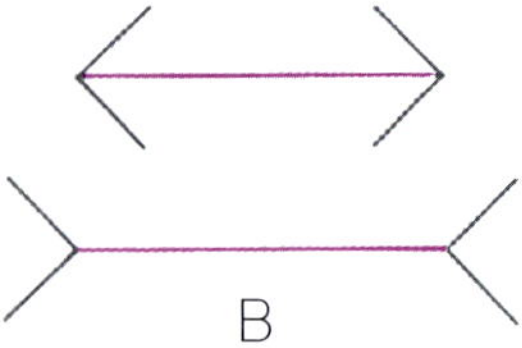

B

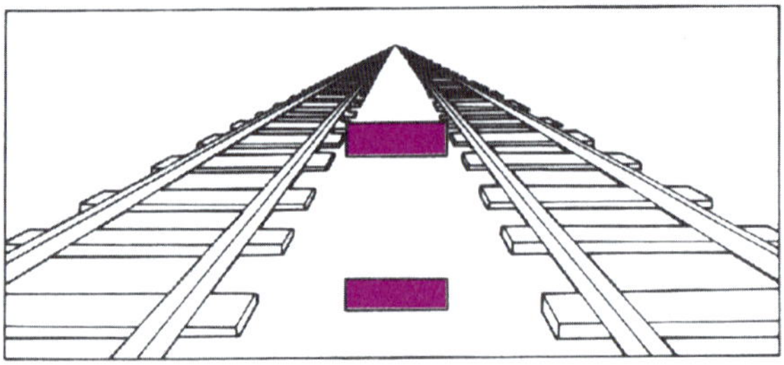

C

그림 A, B, C에서 별색 처리한 곳의 크기는 같지만 배경 그림으로 인해 크기가 다르게 보인다.

다음의 검은 물결 모양의 선은 가까이 오기도 하고 멀어지기도 하는 것처럼 보이고 특히 선의 굴곡이 심한 아래쪽은 끊임없이 움직이는 듯이 느껴진다.

이로써 우리의 눈은 카메라처럼 외부 상을 그대로 보고 있는 것임을 알았을 것이다. 물론 망막에는 카메라 필름과 같이 외부 상이 그대로 찍히지만 그 상에 대한 해석을 해야 우리는 그것이 '개' 인지 '너구리' 인지 알 수 있다. 그런 판단은 뇌가 하며, 뇌는 외부 상을 해석할 때 과거의 경험까지를 동원하여 하므로 '틀린 것을 바르게' 도, '바른 것을 틀리게' 도 해석한다. 그

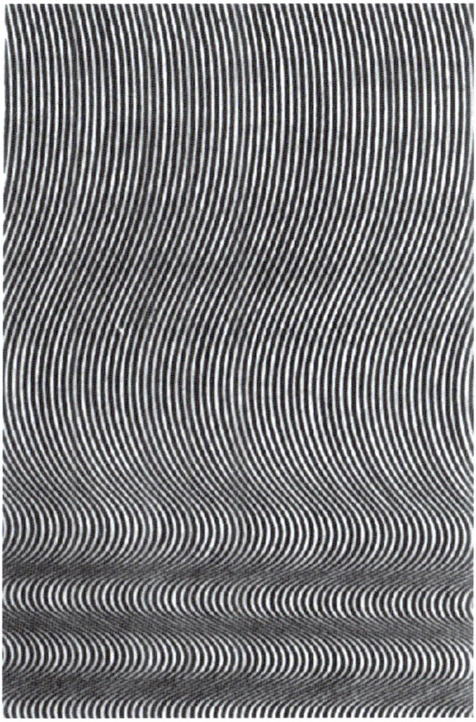

래서 우리는 '세 개의 다리만 보이는 의자'를 보고도 '그 의자는 네 개의 다리를 가졌다'라고 설명하며, '같은 크기의 벽돌'을 '크기가 다르다'고 해석하기도 한다.

# 소리란 무엇인가

1. 소리란 무엇인가?

2. 공기의 성분을 찾아나서다

7

## 1. 소리란 무엇인가?

인간의 청각은 중요한 만큼 매우 정묘하다. 창밖의 모기의 날개소리가 귀에까지 도달하는 소리의 힘이 1000조분의 1W(이 소리를 100,000,000,000,000,000배 하여 전력으로 바꾸면 겨우 독서용 램프를 켤 수 있다)밖에 안 되더라도 인간은 그것을 들을 수 있다. 더욱이 인체의 청각중추는 감도가 좋을 뿐만 아니라 활동적이다. 깨어 있을 때는 항상 외계로부터의 통신을 받아들여 그것을 선별하고 분류하거나 즉각 반응하기도 한다.

자동차의 경적은 곧 피하지 않으면 안 된다는 위험을 알려주는 신호다. 사이렌의 울림, 경찰관의 호루라기, 전화의 벨 같은 소리는 각각 듣는 사람에게 어떤 정해진 뜻을 전달하고 있다.

그렇다면 소리란 무엇인가. 200년쯤 전에 이 문제는 유럽의 살롱에서 치열한 논쟁을 불러일으켰다. '숲에서 나무가 쓰러졌을 때 아무도 그것을 듣지 못했다면 과연 소리가 발생했다고 말할 수 있을까?' 당시 모든 것을 측정하고 분석하고 검증하려고 애쓰는 자연과학자들은 말했다. '물론 소리란 누군가가 그것을 듣고 있건 듣고 있지 않건 간에 발생하는 어떤 물리적인 사건으로 일어나는 것이다. 소리는 물, 공기, 바위 등 그 어떤 매질(媒質) 속에서 물체의 진동이 일으키는 분자의 조직적인 운동이다.' 그 말도 맞다. 그러나 달리 생각하면 사람의 귀에 전해 들리지도 않는 분자운동을 우리가 왜 '소리'라고 해야하는가 하는 질문을 할 수 있다. 이런 생각을 가진 사람들이 바로 철학자들이다. 그들은 자연계의 모든 것에 의문을 갖고 진실의 세계를 탐구하려는 철학자들은 반론을 제기했다.

"그렇지 않다. 소리란 듣는 사람의 마음만이 느낄 수 있는 어떤 감각이다. 즉 우리들의 정신적 · 육체적 생활에만 관련된 감각적 경험이다."

이 문제는 지금도 제법 까다로운 난제이기도 하나 그 때문에 머리를 썩히는 것은 전혀 무의미한 일이다. 왜냐하면 원인(어떤 물체의 물리적인 진동)과 결과(동물의 뇌에서의 생리적인 감각)가 혼동되어 있기 때문이다. 이 두 해답은 둘 다 옳다.

그것은 '소리란 무엇이다'라고 하는 정의를 어떻게 내리느냐에 따라 다를 뿐이다. 과학자들은 '소리는 물체가 급속히 앞뒤로 움직여 그것을 에워싼 매질 속에 진동을 일으킬 때 일어나는 것'이라고 말한다. 그러나 감각으로서의 소리는 귀에서 받아들여 뇌에 전해지고, 그것을 듣는 자에게 외계에서 일어난 사건으로서 기록된다. 과거 200년 이상에 걸쳐 과학자들은 소리가 지닌 이 이중의 성질을 탐구해왔다. 그리고 겨우 오늘날

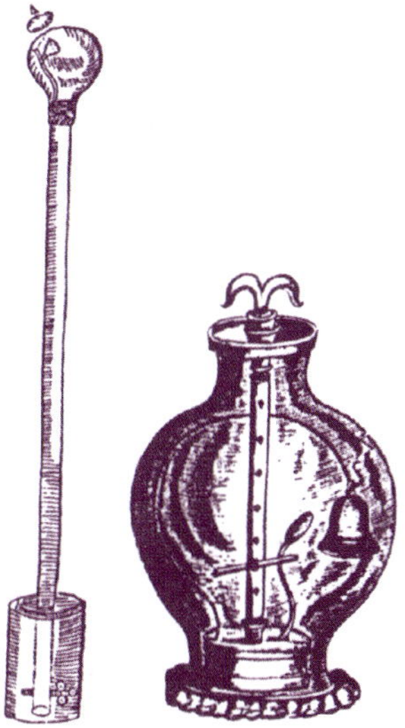

진공 속에서는 소리가 전달되지 않는다는 것은 17C 중엽에 로버트 보일이 증명했다. 여러 가지 실험을 행한 그는 진공의 병 속에서 벨을 울리면 그 소리를 들을 수 없다는 것을 확인했다.

우리는 소리의 물리적인 면뿐만 아니라 청각의 생물학적 면에 대해서도 많은 것을 정확하게 기술할 수 있게 되었다.

물리현상으로서의 소리의 성질은 1660년 영국의 과학자 로버트 보일이 간단한 실험을 행한 이후 차츰 분명해졌다. 보일은 유리병 속에 '틀림없이 괘종장치가 달린 시계'를 가느다란 실로 매달아놓고 속의 공기를 뺐다. "우리들은 괘종이 울리기 시작하는 순간을 숨을 죽이고 기다렸다. 그리고 그 소리가 전혀 들리지 않는 데 만족했다. 다음에 공기를 조금씩 넣으면서 귀를 기울이자 괘종 소리가 들리기 시작했다."

보일은 소리에는 매질, 즉 소리의 진동을 전달하는 어떤 물질이 필요하다는 것을 증명한 것이다. 매질은 보일의 실험에서처럼 반드시 공기가 아니어도 무방하다. 헤엄을 쳐본 사람이라면 잘 아는 일이지만 소리는 물속에서도 전달된다. 금속을 통해서는 특히 잘 전달된다. 옛날 서부에서 철도 종사자들이 레일에 귀를 대고 열차가 오는 것을 확인하곤 했던 것도 강철은 대기보다도 빨리 열차의 울림을 전달하기 때문이다. 그러나 보통 우리가 듣는 것은 공기 속에서 전달되는 소리이다.

우리들은 눈에 보이지 않는 공기라는 바다의 밑바닥에 살고 있다. 그래서 공기가 움직일 때, 이를테면 태풍이 나무를 쓰러뜨리거나 여름날 저녁에 서늘한 바람이 불거나 할 때밖에는 공기의 존재를 깨닫지 못한다. 그러나 공기는 정지해 있을 때나 움직이고 있을 때나 탄성(彈性)이 풍부하며 물웅덩이에 돌을 던졌을 때 잔물결이 번져가듯이 소리를 전달한다. 공기를 형성하고 있는 분자가 진동을 전달하므로 귀와 뇌가 그 진동을 수집하여 분류하고 분석할 수 있다. 이처럼 공기가 소리를 전달시키지 않으면 말도 음악도 천둥도 소음도 들을 수가 없게 된다. 파동운동이 모두 그렇듯이 방안을 가로질러 가는 것은 물질 자체가 아니고 펄스에 의하여 전달되는 에너지이다.

다음 그림의 두 경우 모두 펄스가 창문에서 커튼까지 이동하는 것이다. 이러한 것은 두 경우 모두 문이 닫히거나 열린 후에 커튼이 펄럭이는 점에서 알 수 있다. 만일 창문을 연속적으로 열고 닫으면 커튼을 안팎으로 펄럭이게 하는 밀(조밀한 것)과 소(성긴 것)의 주기적인 파동을 만들 수 있다. 작지만 훨씬 빠른 종류의 예로 소리굽쇠를 들 수 있다. 소리굽쇠의 주기적인 진동과 그것이 만든 파동은 꽤 높은 진동수이면서 그 진폭은 창문을 열고 닫는 것보다 적다. 커튼의 음파 효과를 볼 수 없지만 민감한 고막을 통해서 느낄 수 있다.

(a)

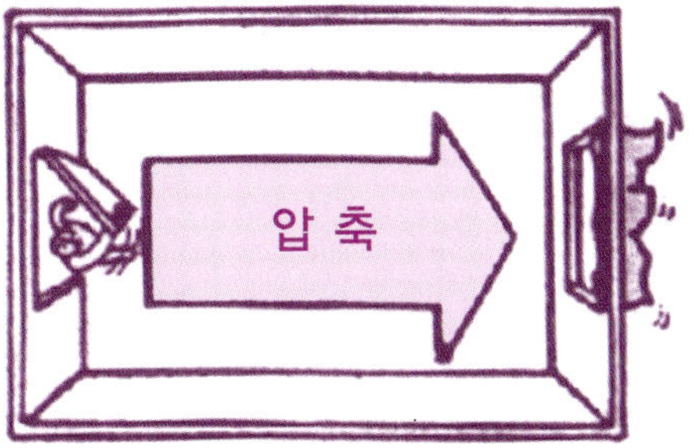


(b)

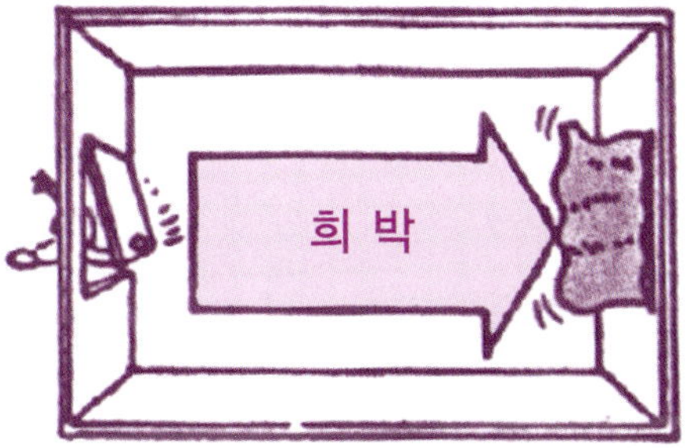


(a) 창문을 열면 압축된 밀한 공기 펄스가 방안을 가로 질러 이동한다.
(b) 창문을 닫으면 소한 공기 펄스가 방안을 가로 질러 이동한다.

연못에 돌을 던지면 파동이 생긴다. 소리의 전파도 파동의 모양을 취하므로 음파라 한다.

소리굽쇠를 두드린 후 물 속에 넣으면 소리굽쇠의 진동 에너지에 의해 물보라가 생긴다.

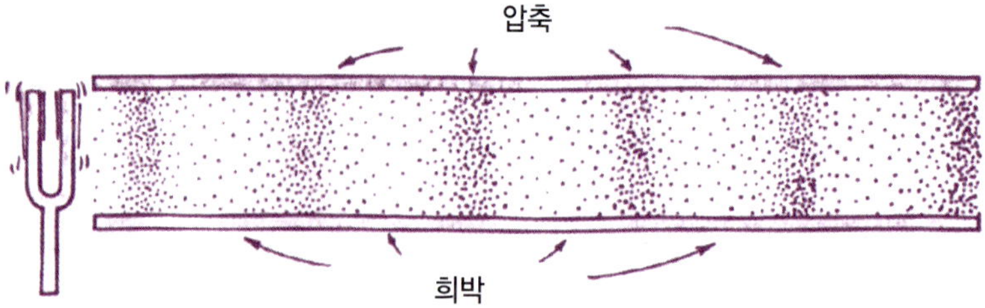


소리굽쇠를 통해서 형성된 밀한 부분과 소한 부분이 관을 지나간다.

위와 같은 관에서 음파를 생각해 본다면 소리굽쇠의 가지 중 관에 가까운 가지가 관을 향하여 움직일 때 밀이 형성되어 관으로 들어간다. 가지가 반대방향으로 흔들거릴 때는 소가 형성되어 밀을 뒤이어 간다. 파원이 진동하면서 주기적으로 밀과 소가 형성되는 것이다.

진동하는 파원의 진동수와 그것에 의하여 만들어진 파동의 진동수는 같다.

## ● 소리의 속력

음파의 전파속도는 수면파(水面波)보다는 빠르지만 전파나 광파에 비하면 훨씬 느리다.

공기 속의 음파의 속도를 최초로 측정한 것은 프랑스의 수학자 마렝 메르센느로서 1640년경 그는 일정한 거리를 지나 반향이 음원까지 되돌아오는 시간을 재어 음속을 매초 316m라는 진짜 속도에 가까운 측정치를 얻었다. 온도가 중요한 까닭은 소리를 전달하는 그 매질의 온도에 음속이 영향을 받기 때문이다. 저온의 매질 속에서는 분자가 천천히 운동하기 때문에 소리를 전달하는 속도도 느리다. 반대로 같은 매질이 가열되면 그 분자의 상호 충돌이 급속해지고 소리를 전달하는 속도도 빨라진다. 그래서 공기 속을 전파하는 소리의 속도는 0° 에서는 매초 331m의 속도로 전달되나 100° 에선 매초 386m가 된다.

매질의 성질은 음속에 더욱 강한 영향을 미친다. 예컨대 20° 의 물은 매초 1,480m로 음파를 전달한다. 이것은 같은 온도의 공기에 비해 4배 이상의 속도이다. 고체는 소리의 전파속도가 더욱 빨라진다. 석영은 초속 5,400m, 강철은 초속 6,000m이다.

## ● 소리의 반사

소리의 반사를 보통 메아리라고 부른다. 표면으로부터 반사되는 소리 에너지는 표면이 딱딱하고 평평할수록 크고, 부드럽고 울퉁불퉁할수록 작아진다. 반사되지 않는 소리 에너지는 통과하거나 흡수된다.

평평한 면에서 빛이 반사하듯이 소리도 입사각과 반사각이 같도록 반사된다. 소리가 벽, 천장, 또는 방바닥으로부터 반사될 때 반사면이 좋으면 소리가 웡웡거린다. 이것은 복합적인 반사 때문이며 여운이라고 한다. 이와는 반대로 반사면이 흡수해 버리면 소리의 크기가 작어지고 방안의 소리는 무디며 생동감 없게 들린다. 방 안에서 일어나는 소리의 반

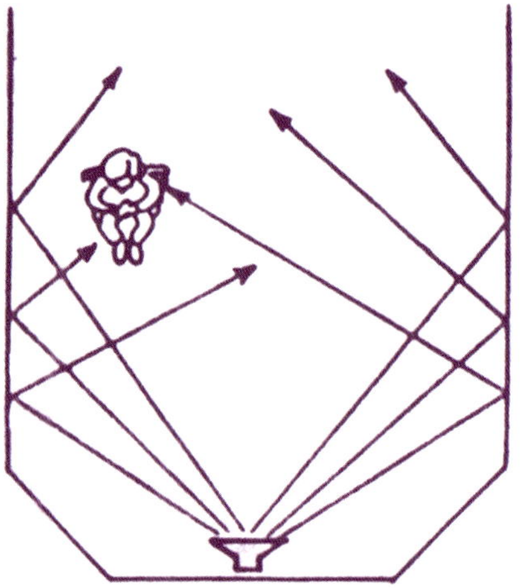

음파의 입사각과 반사각은 같다.

사는 소리를 풍부하고 생동감 있게 만든다. 연주회장이나 큰 강당을 설계할 때는 여운과 흡수를 잘 고려해야 한다.

이러한 소리의 성질을 연구하는 분야를 음향학이라고 한다. 소리가 청중을 향하도록 반사가 잘되는 면을 무대 뒤에 설치해 놓으면 좋다. 어떤 연주회장에는 천장에도 반사면을 달아놓기도 한다. 샌프란시스코의 한 오페라 연주장은 윤이 나는 플라스틱 판을 매달아서 빛도 반사시키도록 하였다. 청중들은 이 반사면을 통해서 관현악단 연주자의 모습도 볼 수 있다.

소리나 빛은 같은 반사법칙을 만족시키기 때문에 반사면을 통해서 볼 수 있는 악기의 소리를 듣는 것이다. 악기에서 나온 소리는 반사면까지 빛과 같이 직진하여 반사된다. 또 소리의 전파 성분이 다른 속도로 이동할 때 음파는 휘게 된다. 이러한 현상은 바람이나 온도가 고르지 않은 공기를 통하여 소리가 이동할 때 일어난다. 소리의 이와 같은 휨을 굴절이라고 부른다.

따뜻한 날 지면에 가까운 공기가 다른 곳보다 더 따뜻하면 지면 근처에서 소리의 속력은 증가한다. 그 결과 음파는 지면으로부터 멀리 휘게 되고 소리가 잘 들리지 않게 된다.

가까운 곳에서 번개가 칠 때 천둥소리를 잘 듣지만 먼 곳의 번개에 의한 천둥소리는 굴절 때문에 잘 듣지 못할 때가 있다. 높은 고도에서 소리는 느리게 이동하여 지면으로부터 휘게 된다. 추운 날이나 지면의 공기가 주위보다 차가울 때에는 그 반대현상을 볼 수 있다. 지면에 가까운 곳에서 소리의 속도는 감속이 되고 그 위 파면의 빠른 속도는 소리를 지면으로 휘게 한다. 이럴 때는 상당히 먼 거리의 소리도 들을 수 있다.

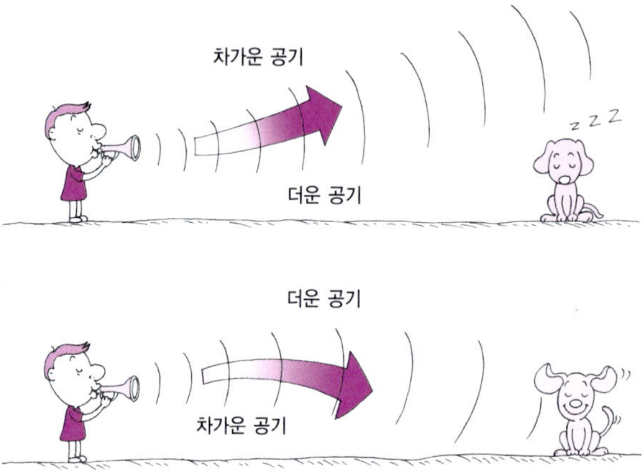


음의 파동면이 온도가 고르지 않은 경우에 휘게 된다.

소리의 굴절은 온도에 따라 변화하기 때문에 온도분포가 같지 않은 물 속에서도 일어난다. 물속에서의 소리의 굴절은 초음파를 반사시켜 해저면을 조사하는 탐사선에게는 골치거리가 되며, 적에게 노출되지 않으려는 잠수함에게는 이로운 현상이 된다. 온도의 차이에 따라 물에는 층이 생기게 되어 소리의 굴절은 물 속에 '맹점' 이라는 공간이 생긴다. 이러한 곳으로 잠수함은 숨어다닌다. 만일 소리의 굴절이 없다면 잠수함은 쉽게 노출될 것이다.

## ● 소리로 보는 동물들

20세기에 접어들면서 과학자들은 박쥐나 돌고래 같은 동물들이 이미 수백만 년 전부터 같은 일을, 그것도 훌륭하게 수행하고 있다는 사실을 깨달았다. 이들 동물은 장님은 아니지만 인간이 시각에 의존하는 것과 마찬가지로 환경으로부터 정보를 얻는 기본적인 수단으로서 청각을 사용하고 있다.

반사된 광파(光波) 대신에 반사된 음파가 그들의 운동을 유도하고 장애물이나 먹이의 소재를 알려주는 것이다. 박쥐는 어둠 속에서 날 수도 있고 먹을 수도 있다. 박쥐는 나무 사이를 날아다니고 가지와 가지 사이를 누비듯이 뚫고 다니며 날면서 곤충을 사로잡는다. 잔가지에 부딪치는 실수는 좀처럼 하지 않는다.

박쥐의 불가사의한 능력은 이미 18세기 말엽부터 연구의 대상이 되어 왔으나 그 비밀이 충분히 해명되기까지에는 오랜 시간이 필요했다. 사실이 '소리의 시각'(보통 반향위치 판단이라고 한다)이 발견된 경위를 보면 재미있는 한 편의 미스터리 소설을 읽는 듯한 느낌이 든다.

이야기는 1793년 이탈리아에서 평생을 과학연구에 바친 라자로 스팔란차니 사제(司祭)가 그의 연구실에서 이상한 일을 경험한 데서부터 시작된다. 그가 사로잡아서 사육하고 있던 올빼미가 날개를 퍼덕이며 촛불을 꺼버렸다. 어둠 속에서도 눈이 보일 것이라고 생각했던 올빼미는 장님처럼 벽이나 가구에 부딪치면서 푸드덕거렸다. 흥미를 느낀 스팔란차니는 다른 야행성 동물들의 능력을 조사하기로 작정하고 어두운 방안에서 이번에는 박쥐를 날려보았다. 그러자 놀랍게도 박쥐는 장애물을 피하면서 날아다녔다.

박쥐는 올빼미나 인간이 볼 수 없는 어둠 속에서도 잘 보이는 눈을 가

진 것이 분명하다고 스팔란차니는 생각했다. 그래서 그는 박쥐의 머리에 불투명한 두건을 씌우고 햇빛이 비치는 방안에다 놓아봤다. 그러자 이번에는 박쥐는 벽에 충돌했다. 박쥐는 어둑어둑한 곳에서는 눈이 보여도 완전히 깜깜한 속에서는 못보는 것 같았던 것이다. 이처럼 일련의 실험에 대해 이모저모로 생각해보는 동안에 그의 의혹은 점점 더 커졌다. 그것은 두건이 박쥐의 눈뿐만 아니라 다른 부분도 가린 것이 아닐까 하는 생각이 문득 떠올랐기 때문이다. 그는 다시 이번에는 투명한 두건을 사용해보았다. 이번 실험 같으면 박쥐의 시력에는 아무런 장애가 없을 터인데도 역시 잘 날지 못하는 것은 마찬가지였다.

박쥐는 눈 아닌 수단으로 사물을 보는 것일까. 이 의문을 해결하기 위해 스팔란차니는 박쥐를 장님으로 만들어 방안에 가두었다. 그 결과 놀라운 사실을 알게 되었다. 한 친구에게 보낸 편지에서 그는 이렇게 썼다.

> 장님 박쥐는 밤이든 낮이 든 상관없이 자유롭게 날 수가 있다. 그 비행법을 관찰해보았더니 박쥐는 벽에 부딪치기 전에 살짝 몸을 돌린다. 그리고 벽이나 세워놓은 막대, 천장, 앞길을 막는 사람, 그밖에 비행을 방해하기 위해 어떤 장애물을 설치해두어도 교묘하게 피하면서 날았다. 요컨대 장님이 된 박쥐의 비행법은 눈뜬 박쥐와 다름이 없는, 실로 교묘한 것이다.

이 불가사의한 현상을 당시의 과학 수준으로는 설명할 수가 없었다. 스팔란차니는 아무래도 박쥐의 눈이 아닌 다른 기관에 의해 보는 것이 아닌가 하는 의심을 버릴 수가 없었다. 그래서 그는 이번에는 박쥐의 귀에 조그만한 놋쇠의 깔때기를 삽입했다. 깔때기에 마개를 한 박쥐는 장애물은 피하지 못했으나 마개를 떼면 장애물을 피했다. 그래서 그는 박쥐의 머리에 갖가지 크기의 두건을 씌워보았는데 귀나 입을 가렸을 경우에만 박쥐의 비행이 흐트러진다는 사실을 알게 되었다. 박쥐의 몸에 와니스나 풀을 칠하여 촉각이 작용하지 못하게 해도 박쥐의 비행에는 아무런 지장이 없었다. 그는 마침내 믿을 수 없는 일을 믿지 않으면 안 되었다.

> 박쥐의 귀는 사물을 볼 때 적어도 거리를 재는 데는 눈보다 유용하다. 장님으로 만든 박쥐가 장애물에 부딪치는 것은 그 귀를 가렸을 경우뿐이기 때문이다. 쥐린 교수의 실험은 나의 수많은 실험을 다른 형태로 뒷받침한 것으로서 장님박쥐의 비행에 있어서 귀가 수행하는 역할을 의심할 여지없이 증명하고 있다.

1790년대는 박쥐가 청각으로 사물을 '본다'는 따위의 생각은 과학적으로 이단시되었다. 귀로 사물을 보는 인간이란 존재할 수 없었으므로 하등동물이 인간에게는 없는 감각을 갖고 있다는 것은 당시의 사람들로서는 상상도 할 수 없는 일이었다. 영국의 박물학자 조지 몬터규도 쥐린과 스팔란차니를 비웃으며 1809년에 이렇게 쓰고 있다.

> 박쥐가 물체를 발견하는 데 있어서 눈보다도 귀가 중요하다는 쥐린의 결론을 인정하려면 동물 해부학자로서는 감당할 수 없는 논리의 비약과 신앙이 필요하다. 박쥐가 귀로 사물을 본다면 눈으로 소리를 듣는가라고 물어도 이상할 것은 없다.

1912년 하이램 S. 맥심은 박쥐는 극저진동수의 음파, 즉 인간이 들을 수 없을 정도의 낮은 소리를 내어 그 반향을 감지하는 것이라고 의견을 내놓았다. 다시 1920년 영국의 생리학자 해밀튼 하트리지는 박쥐는 고진동수의 울음소리를 내면서 비행하는 것은 아닐까 하는 생각에 도달했다. 하트리지는 인간에게 들리지 않을 정도의 고진동수가 어느 정도인지는 밝히지 않았으나 이른바 초가청(超可聽) 진동, 즉 인간이 들을 수 없는 진동은 과학자들에게는 이미 오래 전부터 잘 알려져 있었다. 진정한 해결은 바로 가까이에 있었는데도 초음파를 발신하고 탐지하는 기기가 실용화되기까지는 아무도 그것을 깨닫지 못했던 것이다. 1939년 아직 학생인 그리핀은 생리학을 전공하고 있던 로버트 갤럼보스라는 학생과 더불어 박쥐는 초음파를 보내고 그 반향을 들으면서 비행한다는 사실을 설명했다. 되돌아온 소리는 뇌의 특수한 부분에서 수신되고 해석된다. 이것에 의해 박쥐는 표적의 크기와 형태를 '보고' 그 정확한 위치를 알 수 있다. 박쥐는 반향에 의존하여 보금자리로 돌아온다.

그리고 다만 물체를 볼 뿐만 아니라 물체를 식별한다. 표적이 먹이라면 그것을 죽이고, 표적이 장애물이면 비행경로를 바꾼다.

박쥐의 반향위치 판단조직의 특징은 모두 이와 같은 독특한 임무에 적합하도록 되어 있다. 박쥐의 소리는 인간에게는 거의 들리지 않는다. 그러나 이것을 가청진동수의 소리로 바꾸면 '무서울 정도로 커진다' 고 그리핀은 말하고 있다. 그리고 박쥐의 초음파는 큰 소리 주머니에서 나오는 것도 알아냈다.

박쥐는 이와 같은 특이한 천부의 능력을 구사하여 한순간에 곤충을 발견해내고 그 비행법을 예측하여 쫓아가서 사로잡는다.

연구실에서 벌레를 공중에 집어던지면 박쥐는 99%까지 이것을 사로잡지만 비슷한 크기라도 먹을 수 없는 것을 던지면 95%까지 외면해 버린다.

1947년 당시 플로리다 주 머린랜드의 해양연구소장이었던 A.F. 맥브라이드는 수중 물체의 탐지를 하던 중 이상한 잡음이 들려오는 것을 발견하고 이에 깊은 관심을 갖고 연구하기 시작하였다. 그리고 오랜 연구 끝에 그 소리는 동물이 내는 반향위치 판단의 신호일 것이라는 판단을 하기에 이르렀다.

오늘날 수집된 실험자료에 의하면 돌고래와 고래는 청각을 시각의 대체감각으로 사용하고 있음이 밝혀지고 있다. 플로리다 주립대학의 실험 심리학 교수 윈드롭 N. 켈로그는 이렇게 말한다. "돌고래가 내는 수중음은 대개의 경우 급속히 되풀이되는 딸그락 또는 핑 하는 일련의 소리이다. ……이 소리는 17만 헤르츠나 되는 초음파 및 음파의 폭넓은 진동수대(振動數帶)를 갖고 있다. …… 돌고래의 귀와 뇌는 고도로 발달되어 있고 수중음을 지각하고 분석하기 위한 중요한 적응도 상당히 진보되어 있다. ……돌고래가 내는 이상한 펄스와 돌고래가 갖추고 있는 우수한 수신장치, 이 두 가지가 정확한 송수신의 메커니즘을 구성하고 있는 것으로 밝혀졌다.

돌고래의 반향위치 판단조직은 박쥐의 경우와 그 목적은 같은 것이지만 좀 더 주목할 만한 존재이다. 포유류는 대개 육상동물이지만 돌고래는 수백만 년 전에 육지를 버리고 바다로 들어간 포유류이다. 돌고래의 발음과 수음을 위한 기관은 원래는 대기 속에 존재해야 할 것이 수중의 여러 조건에 적응한 것이다. 돌고래는 딸깍딸깍 핑핑 하는 소리를 내면서 다니는데 그 소리가 어디서 나오는지는 아직 모르고 있다. 다만 돌고래는 입을 다물고 헤엄치므로 이 소리가 입에서 나올 리는 없다. 돌고래는 분기공으로부터 기적 같은 소리도 내는데 이것은 반향위치 판단용의 고진동음과는 분명히 다르다. 무엇보다 더욱 까다로운 문제는 돌고래는 성대가 없다는 사실이다.

연구자들 가운데는 분기공 가까이 있는 기묘한 공기주머니와 뼈 구조물이 진동하여 초음파 신호를 내고 이것이 집속되어 분기공을 통해 반사된다고 생각하는 사람들도 있다. 그리고 흰돌고래가 딸그락 하는 소리를 낼 때 이마가 부푸는 것도 관찰되고 있다. 이 돌출부가 공기주머니로써 일으킨 피부의 초음파의 진동을 집속하여 방향지우는 것인지도 모른다. 하긴 돌고래도 이것에 해당하는 미지의 메커니즘을 갖고 있는지 모른다. 이 방법에 의하면 초음파를 아주 효과적으로 방사할 수가 있기 때문에 돌고래가 분기공을 사용하지 않고도 직접 수중으로 음파를 내보낼 수 있다. 그러나 지금까지 그 정확한 사실은 밝혀지지 않았으나 곧 모든 비밀이 밝혀지리라 믿는다.

## ● 중첩과 공명

다른 모든 파동과 같이 음파도 간섭을 한다. '마루' 와 '마루' 가 만나면 진폭이 증가한다. 그러나 '마루' 와 '골' 이 만나면 진폭은 감소한다. 음파의 경우 '마루' 는 '밀' 에, '골' 은 '소' 에 해당한다. 간섭은 모든 종파와 횡파에서 일어난다. 이러한 현상이 공명과 중첩을 만든다.

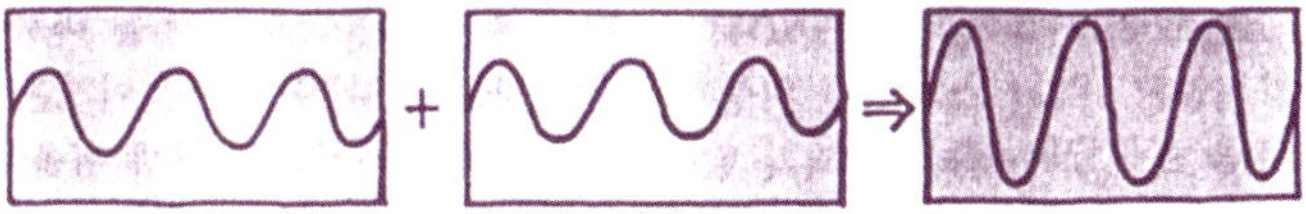

위상이 같은 두 횡파의 중첩으로 파동의 진폭이 증가한다.

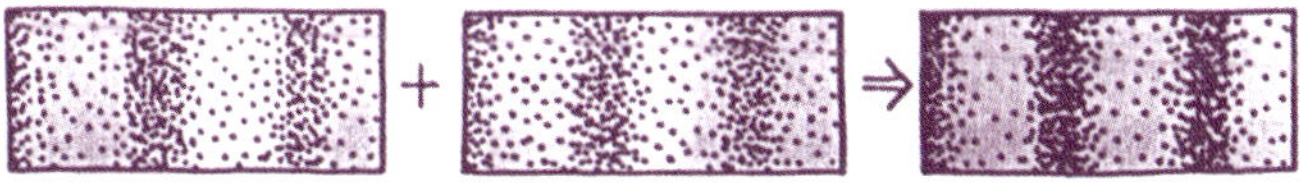

위상이 같은 두 종파의 중첩으로 파동의 세기가 증가한다.

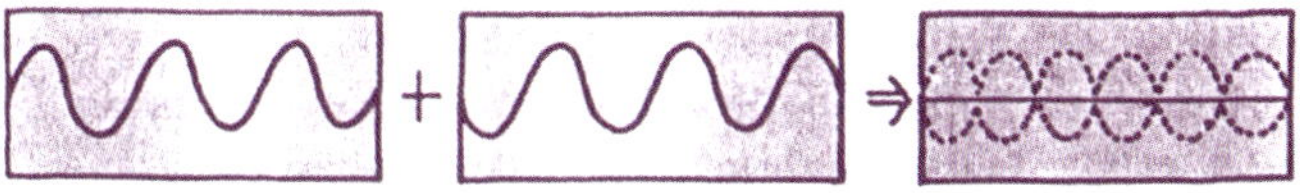

위상이 정반대인 두 횡파가 중첩되면 파동이 사라진다

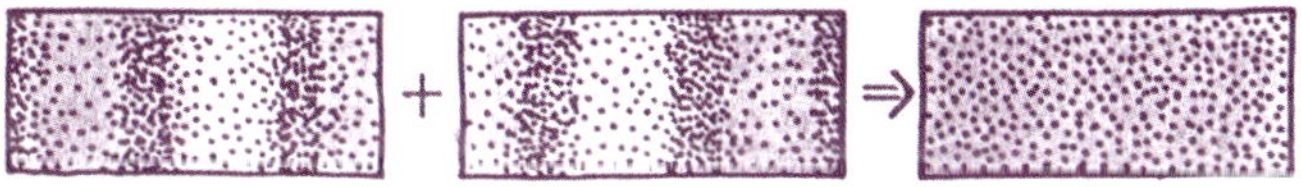

위상이 정반대인 두 종파가 중첩되면 파동이 사라진다

소리의 소멸 간섭은 잡음제거 기술에서 아주 유용한 성질이다. 돌을 부수는 석쇄기에 작은 마이크를 부착하여, 석쇄기가 내는 소리를 받아

전기장치로 보내면 반사음을 만들어 망치잡이의 이어폰으로 다시 보내는 잡음제거 장치가 되어 있다

망치소리의 밀(또는 소)은 잡음제거 장치에서 만들어진 이어폰의 반사파의 소(또는 밀)와 간섭하여 없어진다. 이러한 원리를 자동차 배기통에도 이용하고 있다 - 잡음제거 소리가 큰 스피커를 통해서 원래 잡음의 95%까지 줄일 수 있다.

공명은 강제 진동시키는 진동수가 물체의 고유진동수와 일치하면 진폭은 신기하게 증가한다. 이러한 현상을 공명이라고 한다. 어떤 것이 공명되기 위해서는 그것을 앞뒤로 잡아당길 만한 힘과 계속해서 진동시킬 수 있는 에너지가 필요하다. 공명의 흔한 예는 그네와 널뛰기에서 볼 수 있다. 누가 그네를 밀었다고 하자. 이때 그 일정한 간격(고유진동수)에 맞추면 그네는 힘을 쌓아 더욱 높이 오른다. 이 원리는 널뛰기에서도 마찬가지이다. 이것이 소리에서 공명의 원리가 된다. 실내에서 볼 수 있는 공명현상 중 하나는 같은 진동수로 조절된 한 쌍의 소리굽쇠를 1m 정도 떨어진 곳에 놓고, 한 쪽의 소리굽쇠를 칠 때 다른 쪽의 소리굽쇠가 진동하는 현상이다. 이것은 그네를 미는 것의 축소모형이라고 할 수 있다 - 즉 시간 맞추기이다. 소리굽쇠에 음파가 연속적으로 전달될 때 각각은 소리굽쇠의 날개를 조금씩 밀게 된다.

이러한 밀기가 작지만 진동수가 소리굽쇠의 고유진동수와 같기 때문

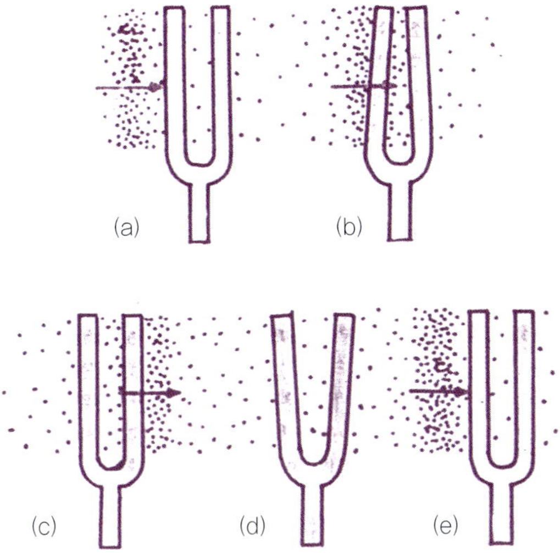


(a) 맨 처음 도달한 밀한 부분이 소리굽쇠를 약간 밀게 된다.
(b) 소리굽쇠가 휘게 된다.
(c) 소한 부분이 도착할 순간에 원래 위치로 되돌아 온다.
(d) 반대 방향으로 넘어간다.
(e) 다음 번에 도달한 밀한 부분에 의해서 위의 과정이 반복되게 된다.

에 소리굽쇠의 진폭은 증가하게 된다. 이것은 밀기가 시간에 맞추어 소리굽쇠의 운동과 같은 방향으로 계속되기 때문이다. 만일 소리굽쇠의 진동수가 일치하지 않으면 밀기의 시간 맞추기가 안 되며, 결국 공명은 일어나지 않는다.

공명은 파동운동에만 국한되는 것이 아니다. 박자에 맞게 진동하는 물체의 고유진동수에 맞추어 연속적으로 공급되는 충격에서도 일어난다.

1831년 캘버리 부대가 영국 맨체스터 근교의 육교를 행진해 지나갈 때

부대의 행진 박자가 다리의 고유진동수와 일치하여 다리가 파괴되었다. 이 기묘한 사건의 전말은 다음과 같았다.

1831년 4월 11일 제60라이플 부대의 병사들이 오전 중 야외훈련을 마친 후에 병사로 행진하면서 돌아올 때에 일어났다. 돌아오는 길에 길이가 약 50m 정도가 되는 쇠사슬식 현수교가 있었다. 그것은 어웰 강을 걸쳐서 맨체스터에 가까운 펜들튼과 브러튼을 연결하는 다리였다. 병사들은 4열로 행진하여 중위가 선두에 서서 다리 중간에 도달했을 때 '소총의 연속적 발사와 흡사한' 무서운 폭음이 일어났다. 아차 하는 순간에 다리의 한쪽이 강으로 떨어지고 주기둥도 떨어졌다. 다리의 부서진 쪽에 있던 병사들은 모두 강물 속으로 쇠사슬 사이에 내던져졌고 라이플과 장비들이 근처 일대에 흩어졌다. 다행한 일은 조수가 빠져 있어서 강물의 깊이는 그리 깊지 않았다. 그렇지 않았다면 틀림없이 많은 병사들이 익사했을 것이다. 다행히 피해도 생각보다 적었다. 한 사람이 다리가 부러지고 또 한 사람은 팔이 부러졌다. 중상자는 6명으로 그중 2, 3명은 평생 불구가 되었다. 이처럼 강철로 만들어진 다리가 쉽게 끊어져 내려 앉는 것은 바로 '공명현상' 때문이었다. 이에 대한 원인을 당시 한 신문은 다음과 같이 쓰고 있다.

> 직접원인은 병사들이 보조를 일정하게 규칙적으로 맞추었기 때문에 다리에 강력한 진동이 전달된 때문인 것은 의심할 여지가 없다. 같은 수 또는 이보다

훨씬 많은 군중이 다리를 건넜다 해도 규칙적으로 보조를 취하지 않는 한 그런 사고는 결코 일어나지 않았을 것이다. 왜냐하면 어떤 사람의 보조가 다른 사람의 걸음에서 일어나는 진동을 상쇄하기 때문이다. 그러나 그 병사들은 모두 규칙적으로 간격을 두고 동시에 발을 맞추어 다리에 강한 진동을 가하였기 때문에 진동은 한 발자국마다 커져갔다. 그래서 다리 바닥의 무게는 그것을 떠받치고 있는 쇠사슬에 되풀이하여 심한 충격을 가함으로써 다리 바닥보다 훨씬 무거운 중량이 정지상태에서 작용할 때보다도 더욱 강력한 효과를 쇠사슬에 미치게 했던 것이다.

위와 비슷한 사건이 19년 뒤에 프랑스에서 다시 일어났고, 또 1940년

착공된 지 4개월 밖에 안 된 1940년에 워싱턴 주의 타코마 다리가 바람과 공명을 일으켜서 붕괴되었다. 작은 바람이 다리의 자연진동수로 불어와서 공명을 일으키는 바람에 진폭이 점점 커지다가 결국에 붕괴된 것이다.

에는 바람에 의해 또 하나의 현수교가 끊어지는 사고가 일어났다.

## ● 귀로 듣는다

사람의 귀는 외이, 중이, 내이의 3부분으로 되어 있으며 '외이'는 소리의 압력을 감지하는 막인 고막까지를 말하며, 중이는 3개의 조그만 뼈가 있고 이것이 고막의 진동을 전달하고 증폭한다. 중이의 앞은 내이(內耳)인데 액으로 채워져 있다. 여기에는 소리를 신경충동으로 바꾸는 나선형의 와우각(달팽이)과 평형감각을 지배하는 반규관 등 가장 복잡한 조직이 있다.

이들 외이, 중이, 내이의 조직이 하나의 기능으로 작용하여서 놀랄 만큼 광범위하고 정교한 작업을 수행한다. 수소분자의 직경만도 못하게 고막을 진동시키는 약한 소리를 들을 수 있는가 하면 그 10조 배 이상이나 강한 소리를 들어도 청각의 메커니즘은 손상되지 않는다. 보통의 청각을 가진 사람이라면 누구나 청각만으로 음원의 위치를 알 수 있으며 맹인은 곧잘 귀로 반향을 듣고 노상의 장애물을 찾아낸다. 친한 사람의 목소리라면 비록 그것이 전화에서 전기적으로 왜곡되어 있더라도 곧 알아낸다. 먼 데서 개가 짖는 소리나 타이어의 삐걱거리는 소리는 말할 나위도 없고 발자국 소리조차도 어쨌든 들릴 정도의 크기이기만 하면 어김없이 분간할 수 있다.

귀에 대한 이해는 몇 세기 동안이나 제자리걸음을 하고 있었다. 겨우 르네상스기에 와서 책에 의해서가 아니라 직접적인 연구를 통해 사물을 조사하려는 욕구가 되살아났다. 1543년 베살리우스는 우연한 기회에 중이의 조그만 뼈인 '이소골' 을 발견한 것이다. 그는 뒤에 그 때의 일을 다음과 같이 말했다.

> 내가 골격의 표본을 만들기 위해 두개골을 씻고 있을 때 공교롭게도 귀에서 조그만 뼈가 굴러 떨어졌다. 나는 다시 새로운 두개골의 청각기관을 절개했다. 그 결과 처음의 조그만 뼈와 함께 또 하나의 다른 조그만 뼈를 발견했다.

그는 중이 속에서 소리를 증폭하는 3개의 뼈 가운데서 추골과 침골의 2개를 발견한 것이다. 그가 나머지 한 개의 뼈를 놓친 것은 관대하게 보아 넘길 수도 있다. 쌀알의 절반만한 크기였으니까 말이다. 몇 년 후 그가 놓친 뼈는 나폴리 대학의 장 필리포 잉그라시아가 발견했다. 잉그라시아는 이 세 번째의 뼈를 등골이라고 명명하고 "이것은 우리들의 조상이 사용하고 있던 등자와 비슷한 모양이다. 옛날의 등자는 삼각의 판자 같은 모양으로서 뒤에 노끈을 꿰기 위해 뚫은 구멍 따위는 원래 없었다" 라고 말했다. 그 뒤 1563년 이탈리아의 해부학자 바르톨로메오 에우스타키오는 중이와 인두를 연결하는 '이관' 의 역할을 알아냈다. 또 1561년

가브리엘로 팔로피오는 '내이'의 안을 볼 수 있었다. 그가 안에서 발견한 것은 뼈, 연골, 막으로 되어 있는 달팽이 같은 미로, 즉 와우각과 평형감각을 지배하는 고리 모양의 반규관이었다. 이 와우각의 내부에 그리스 시대부터 청각에 불가결한 것이라고 믿어 왔던 '갇힌 공기'가 들어 있다고 팔로피오는 생각했다. 와우각 속에서 갇혀진 공기가 '악기처럼' 소리를 증폭하고 이 공기의 운동이 잔가지 같은 청신경의 말단을 자극한다고 그는 말하고 있다

'갇힌 공기'의 이론이 완전히 사라지는 데는 그후 200년이라는 시간이 필요했다. 와우각 내부에 액이 존재한다고 본 학자들도 적지 않았지만 1761년에 와서야 나폴리 인인 도메니코 코튜뇨가 "와우각 속에는 액이 가득차 있어서 공기가 들어갈 여지라곤 전혀 없다"라고 명백히 단정했다.

다시 1777년 독일의 필립 프리드리히 메켈은 갇힌 공기라는 완고한 이론에 최후의 일격을 가하는 실험을 행했다. 혹독하게 추운 어느 날 밤 그는 귀를 감싸고 있는 측두골(側頭骨)을 조심스럽게 절제하여 연구실 바깥의 얼어붙은 땅 위에 내놓았다. 다음날 아침 냉동된 뼈를 갖고 들어와서 와우각을 절개하고 세밀히 조사했더니 거기에는 언 액이 가득 들어 있었다. 와우각에는 공기 같은 다른 것이 들어갈 여지라고는 전혀 없었다. 220년에 걸친 끈질긴 연구가 거듭된 끝에 공기가 갇혀 있다는 생각

은 아주 사라지고 하나의 정확한 이론이 성립되기에 이르렀다.

내이의 메커니즘이 정확하게 기술되기에 이른 것은 다시 100년 가까운 뒤의 일이지만 외이와 중이의 기계적인 구조는 19C 중엽에 이르러 대충 이해되고 있었다. 두개골의 양 측면에 있는 구멍은 외이도(外耳道), 즉 평균 직경 0.8㎝ 안팎, 길이 약 2.5㎝인 불규칙한 원통에 이어져 있다. 외이도는 바깥쪽 끝에서는 열려 있고 중간은 약간 좁아지고 안쪽 끝으로 다가가면 넓어져서 고막이 그것을 막고 있다. 이렇게 생긴 데다 한쪽 끝이 벌어지고 한쪽 끝이 막힌 구조로 인해 외이도는 공명하는 공기의 기둥을 에워싼 파이프 오르간과 비슷한 데가 있다. 외이도는 인간의 귀에 가장 똑똑하게 들리는 진동수일 때 소리의 진동을 가장 좋은 상태로 유지한다. 즉 공명하는 것이다. 이 공명은 음파를 만들어내는 공기 압력의 변화를 증폭하여 압력의 정점이 바로 고막 가까운 곳에 오게 한다. 매초의 진동수 2,000~5,500의 소리일 경우 고막에서의 음압은 외이도의 바깥쪽에 작용하는 음압의 약 10배가 된다.

공기로 전달되는 음파는 고막에까지만 도달한다. 고막에 닿은 음파는 고체의 물질에 의한 진동으로 바뀐다. 먼저 팽팽히 당겨진 '고막의 공진'이 일어난다. 이것은 전화기의 송화구나 장난감 '실전화'의 종이컵 바닥이 공진하는 것과 같은 현상이다. 고막은 이 진동을 추골, 침골, 등골 등 중이에 있는 3개의 조그만 뼈에 전달한다.

이들 3개의 뼈는 서로 연결된 지레의 구조로 되어 있다. 추골은 침골을, 침골은 등골을 각각 민다. 즉 3개의 뼈가 지레처럼 작용하여 소리의 진동의 힘을 증폭한다. 지레의 안쪽 끝은 바깥쪽 끝보다 움직이는 거리는 짧지만 힘은 보다 강하다. 이처럼 이 3개의 뼈는 진동의 힘을 고막에서의 2~3배로 강화하는 것이다. 중이의 근육은 증폭장치로서의 이 조그만 기관의 성능을 조절한다. 강한 소리가 고막을 울리면 근육은 수축한다.

이들 근육의 활동은 신속한 편이지만 언제나 재빠른 것은 아니다. 근육이 매우 큰 소리의 위해로부터 귀를 보호할 수 있는 것은 근육의 작용이 충분히 대비할 수 있을 정도로 그 소리가 서서히 커지는 경우뿐이다. 가령 가까이에서 들리는 대포소리 같은 불의의 폭발음은 사실상 중이의 근육을 기습하는 셈이 된다. 이들 작은 근육이 고막을 단단하게 만들지는 못하기 때문에 중이의 뼈는 매우 위험한 운동을 하지 않으면 안 된다. 작지만 소리는 '전정창'에 전달되고, 이것은 다시 와우각 속의 액에 전달된다. 이 액 속에서는 압력의 변화가 일어나고 마침내 그 변화는 말초신경을 흥분시켜 뇌에 신호를 보낸다.

청신경은 와우각에서 나와 중추신경 조직에 들어간다. 여기에서 청신경의 뉴턴이 세포체의 덩어리가 되어 끝나고 있다. 여기서는 뇌로 통하는 몇 개의 통로가 복잡하게 서로 연결되어 있다. 몇 개의 노이론은 하구라고 하는 세포체의 중계소로 통하고 있다. 그리고 이들은 모두 뇌의 청각 중추인 청각피질에 모인다. 이것이 귀에서 뇌까지의 경로로 가장 잘 알려져 있는 것이다. 그러나 아직까지 청각에 대한 구조와 역할에 대해 정확히 알려져 있지 않기 때문에 이들에 대한 연구 결과에 따라 앞으로 더욱 정확히 알 수 있을 것으로 믿는다.

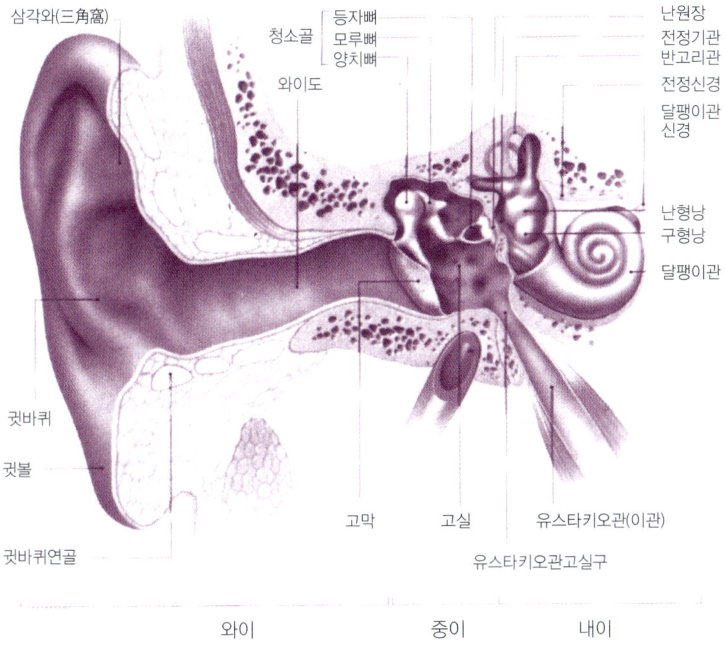


**사람의 귀의 구조**

# 한걸음 더 나아가기

## ● 소음에 대해

우리는 '소음'을 '불필요한 소리', 또는 '불쾌한 소리'라고 말한다. 그러면 불쾌한 소리란 대체 어떤 소리일까? 또 어떻게 하면 이 불쾌한 소리를 제거할 수 있는 것일까. 어떤 문제든 한마디로 간단하게 대답할 수는 없다. 모든 일이 그렇겠지만 소리의 경우도 좋아하고 싫어하는 것은 대체로 개인적인 문제이다. 지하철역에서 조용히 흘러나오는 경음악도 어떤 사람에게는 훌륭한 음악이 될 수 있고, 심리 상태가 불안하고 불편한 사람에게는 소음으로 들릴 수 있다. 이 경우는 개인의 특별한 상황을 예로 든 것이다.

일상 듣는 소음 중에서 특히 신경을 괴롭히는 것은 회화를 방해하는 소리이다. 지하철의 굉음은 골똘히 신문을 읽고 있는 승객에게는 아무렇지도 않을지는 모르나 그 옆에서 대화를 나누고 있는 승객들로서는 참기 어려운 것이다. 짜증나게 하는 소리도 있다. 극장에서 캔디의 포장지를 바스락거리는 소리, 도서관에서 수군거리는 소리와 같이 엉뚱한 분위기에서 발생하는 소리는 설령 약한 경우라 할지라도 정신의 집중을 방해하는 소음으로 느껴진다. 비슷한 이유에서 때때로 생각난 듯이 울리는 소리도 귀찮은 것이다. 듣는 쪽에서는 다음에는 또 언제 울릴지 모르기 때문에 적응할 수도 없고 그렇다고 무시할 수도 없다. 이런 종류의 소리는 듣는 사람으로 하여금, 이를테면 기다리고 있을 때처럼 노상 안절부절 못하는 초조한 정신상태로 몰

아넣는다.

또 경우에 따라서는 어떤 사람에게 재즈는 신나는 음악이지만 처음 듣는 시골의 할머니에게는 몹시 소란스럽고 시끄러운 소리일 것이다. 이와 같은 소음에 관한 학문적 정의가 충분하지 못하다는 것은 진동수가 매우 분명하게 정해져 있는 텔레비전의 CM송을 듣고 짜증스러워한 적이 있는 사람이라면 누구나 짐작할 수 있을 것이다. 그럼에도 불구하고 이 정의는 거의 모든 사람이 불쾌하게 느끼는 소리의 특징의 하나를 드러내고 있다. 정확한 진동의 패턴과 리듬을 갖지 않고 짧은 시간밖에 계속되지 않는 소리는 분명히 기묘한 느낌을 주기 때문에 사람들을 초조하게 만든다.

이러한 소리가 마음을 초조하게 만드는 것은 모두 그 심리적 효과 때문이다. 소리란 상황에 따라 같은 소리라도 불쾌하게 들릴 수 있는데 어떤 종류의 소리는 어느 경우에도 그 자체로서 불쾌하다. 사이렌이 울리는 소리, 손톱으로 칠판을 긁는 소리와 같이 이빨이 저려오는 느낌을 주는 소리가 그것이다. 귀는 이러한 째지는 듯한 소리에는 특히 민감하다. 소리의 진동수가 증가함에 따라 불쾌감도 더하는 경향이 있으며 높은 진동수의 소리를 오랫동안 듣고 있으면 청각신경이 영향을 받게 된다는 사실이 실제로 증명되고 있다.

마찬가지로 소리가 커짐에 따라 그 불쾌감도 커진다. 항공기의 소음에 대한 반응을 조사한 어떤 통계에 의하면 소리의 레벨이 60데시벨 가까이에서 불쾌하다고 대답한 사람은 전체의 불과 7%에 지나지 않았지만 소리의 강도가 79데시벨로 100배가 되면 88%의 사람이 불쾌하다고 대답했다.

극단적으로 큰 소음은 실제로 귀를 해칠 수 있다. 소리가 160데시벨(155㎜포를 귀에서 약 80㎝ 떨어진 곳에서 발포했을 때의 소리)이 되면 고막이 찢어지거나 코르티 기관이 망그러지거나 하여 완전히 귀가 들리지 않게 된다. 이보다 약한 소리라도 몇 시간 동안 계속 듣고 있으면 일시적으로 청각을 잃는다. 강한 소리에 매일 몇 시간씩 몇 년 동안 노출되어 있으면 앞서 설명한 '소음성 난청'이라는 영구적인 청력장애를 일으킨다.

이러한 위험을 방지하기 위해 군대에서는 세심한 예방책을 강구하고 있다. 군용기의 정비원이나 항공기의 승무원은 근무 중 언제나 130데시벨 이상의 소리에 노출되기 때문에 귀마개를 표준장비품으로 준비하고 있다. 조종사나 승무원은 헬멧도 착용한다. 탄도탄이나 새로 만든 대포를 시험하는 뉴 저지주 도버의 병기연구개발사령부 같은 데는 소리의 레벨이 120데시벨까지 이르는 경우가 있다. 이곳의 직원 중에서 80데시벨을 넘을 때는 지급되는 귀마개를 반드시 사용해야 한다. 귀마개는 다공질의 재료로 만든 것인데 인간의 손가락끝 같은 모양을 한 이 정교한 귀마개는 외이도의 입구에 밀어넣으면 손가락으로 귀를 막는 이상의 효과를 볼 수 있다. 외이도에 사용하는 도구라 소리를 모두 차단하지는 못한다. 왜냐하면 머리와 얼굴의 조직이나 뼈가 소리와 희미하게 공명하여 소리를 내이에 전달하기 때문이다. 그러나 최근의 귀마개가 소음을 안전한 수준까지 완화시키는 데 도움이 되고 있는 것은 물론이다.

큰소리는 청각에 해를 끼칠 뿐 아니라 신체에도 몇 가지 영향을 미친다. 140데시벨의 소리, 즉 항공모함의 사출기로부터 몇 m 떨어진 곳에서 듣는 소리는 머리 속이 흔들리는 것처럼 느껴지며 중이의 격통, 평형감각의 상실, 구토증 등 많은 불쾌한 증상을 일으킨다.

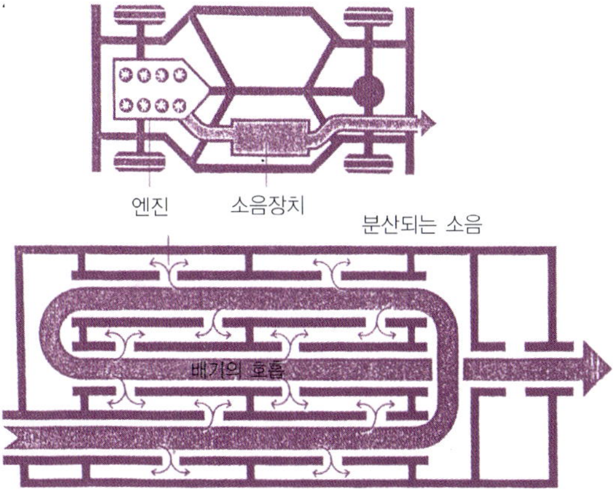


**소음장치의 구조**

자동차용 소음장치(머플러)는 복잡한 회로의 음향장치로써 소리를 포착하여 엔진의 폭발음을 완화한다. 아래는 소음장치의 약도로서 엔진의 고진동수의 폭발음이 관과 작은 방 속을 통과함에 따라 약화되어가는 모습을 보여주고 있다. 소형의 이 소음장치는 160데시벨이나 되는 엔진의 폭발음을 85데시벨 이하로 끌어 내린다.

이보다 훨씬 작은 소리, 가령 폭죽소리라도 갑자기 들으면 이른바 경악반응, 즉 비상사태에 대한 신체의 복잡한 반응을 일으킨다. 혈압과 맥박이 급상승하고 근육이 수축하며 호흡수가 늘고 타액이나 위액의 분비가 격감하며 소화작용이 멎는다. 물론 이러한 반응은 같은 일이 되풀이되면 차츰 사라진다.

일상생활의 배경이 되는 소리의 레벨이 건강에 유해한지의 여부는 아직 학문적으로 논의의 여지가 남아 있다. 전문가들도 유해설과 무해설로 주장을 달리하고 있다.

그러나 도시의 소음이 극단적으로 높아져서 소리를 소음으로 바꾸는 저 간섭성, 단속성, 침투성을 견딜 수 없을 정도로 가중시키는 일이 있다는 사실도 부정할 수 없다. 가속 중인 디젤 버스에서 70~80㎝ 떨어진 곳에서 들리는 소리의 높이는 103데시벨로서 4기의 프로펠러 비행기가 머리 위 40m 높이에서 내는 소리와 거의 맞먹는다.

따라서 인간에게 소음은 불쾌하고 고통스러울 뿐 아니라 건강을 해칠 수도 있다. 그러므로 이에 대한 예방과 치료책이 보다 안전한 방법으로 나와야겠다.

**소음 [표 1] 생활소음 규제기준**

(단위 : dB)

| 지역별 | 대상소음 | | 시간별 05~08시, 18~22시 | 08~18시 | 22~05시 |
|---|---|---|---|---|---|
| 주거전용<br>주거<br>준주거 | 확성기 | 옥외설치 | 70이상 | 80이상 | 사용금지 |
| | | 옥내에서 옥외배출 | 50이상 | 55이상 | 45이상 |
| | 공장 및 사업장의 작업소음 | | 50이상 | 55이상 | 45이상 |
| | 심야의 계속 또는 반복 소음 | | – | – | 45이상 |
| | 확성기 | 옥외설치 | 70이상 | 80이상 | 사용금지 |
| | | 옥내에서 옥외배출 | 60이상 | 65이상 | 55이상 |
| | 공장 및 사업장의 작업소음 | | 60이상 | 65이상 | 55이상 |
| | 심야의 계속 또는 반복소음 | | – | – | 55이상 |

**브레인 과학(물리편)**

1판 1쇄 인쇄 | 2007년 8월 1일
1판 1쇄 발행 | 2007년 8월 6일

엮은이 | 장재열
그린이 | 최은경
펴낸이 | 윤다시
펴낸곳 | 도서출판 예가

주소 | 서울시 영등포구 당산동 1가 191-10
전화 | 02)2633-5462
팩스 | 02)2633-5463
E-mail | yegabook@hanmail.net
등록번호 | 제 8-216호

ISBN | 978-89-7567-496-9 13400